小尺度区域
大气污染源动态调控
关键技术及案例应用

XIAOCHIDU QUYU
DAQI WURANYUAN DONGTAI
TIAOKONG GUANJIAN JISHU JI
ANLI YINGYONG

邓小文　等／编著

中国环境出版集团・北京

图书在版编目（CIP）数据

小尺度区域大气污染源动态调控关键技术及案例应用/邓小文等编著. —北京：中国环境出版集团，2018.8
ISBN 978-7-5111-3110-2

Ⅰ. ①小… Ⅱ. ①邓… Ⅲ. ①小尺度—空气污染—污染源管理 Ⅳ. ①X510.1

中国版本图书馆 CIP 数据核字（2017）第 054597 号

出 版 人　武德凯
责任编辑　宋慧敏
责任校对　任　丽
封面设计　宋　瑞

出版发行　中国环境出版集团
（100062　北京市东城区广渠门内大街 16 号）
网　　址：http://www.cesp.com.cn
电子邮箱：bjgl@cesp.com.cn
联系电话：010-67112765（编辑管理部）
010-67112738（环境科学分社）
发行热线：010-67125803，010-67113405（传真）

印　　刷　北京市联华印刷厂
经　　销　各地新华书店
版　　次　2018 年 8 月第 1 版
印　　次　2018 年 8 月第 1 次印刷
开　　本　787×960　1/16
印　　张　13.5
字　　数　230 千字
定　　价　45.00 元

《小尺度区域大气污染源动态调控关键技术及案例应用》

编 委 会

主　编：邓小文

副主编：陈　魁　孙　猛　张　骥　刘佳泓

编　委：徐　媛　刘茂辉　展先辉　赵吉睿　易晓娟

周　晶　岳亚云　邓江洋　刘胜楠　张　昊

张　莹　杨丽萍　陈曼丁　郑　涛　陈小明

目 录

第 1 章　绪 论

1.1　研究背景、目的和意义

1.1.1　研究背景

大气污染的治理应从源头上进行调控，由于污染源在时间和空间上具有较强的变动性，对大气污染源的动态调控显得尤为关键。目前，大气污染源排放清单技术体系可以作为大气污染源动态调控的技术工具。大气污染物排放清单是在特定空间范围和时间尺度上，对影响区域空气质量的各污染源的排放量进行估算，并在时间和空间上对污染物的排放进行表征。排放清单是研究区域大气污染成因、机制和特点，开展环境空气质量数值模拟和预报预警的重要数据基础，同时为制定大气污染控制措施提供重要的技术支持，从而推动环境空气质量的管理从定性向定量发展。

美国、欧盟、日本先后建立了国家或区域排放源清单，这些大气污染源排放清单，对于环境空气质量的改善起到了关键性的作用。借鉴发达国家的经验，我国也急需建立自己的大气污染源排放清单。我国大气污染源排放清单的编制已经从科研发展到管理应用。环境保护部于 2014 年先后发布了多种大气污染源排放清单编制技术指南，并于 2015 年 2 月 9 日，下达了《关于开展源排放清单编制试点工作的通知》（环办〔2015〕14 号），旨在探索建立源排放清单编制、共享系统和定期更新机制，并将天津市纳入源排放清单编制工作试点城市之一。2015 年 3 月 27 日，环境保护部通过《关于大气污染源排放清单编制试点工作有关事项的通知》（环办函〔2015〕441 号），对源排放清单编制试点工作做了进一步部署，要求成果提交形式为源排放清单数据和源排放清单编制技术报告。按照清单试点要求，天津市开展以 2013 年为基准年的大气污染源清单编制工作。在认真领会环境保护部源排放清单编制试点工作任务的基础上，以《关于大气污染物源排放清单编制试点工作有关事项的通知》相关要求为目标，以《城市大气污染物排放清单编制技术手册》为指导，初步编制了天津市 2013 年大气污染源排放清单。

这些大区域尺度的排放清单，由于涉及污染源范围广、内容多，构建和更新都需要花费很长时间，时效性差；污染源获取过程中，很难做到污染源无遗漏，全面性差；在污染物排放表征过程中，由于污染源的空间定位难以精确，导致清单的表征精准化程度不高。虽然大区域尺度清单能从宏观层面调控大气污染源，但是对于基层环境管理而言，已经不能满足其对大气污染源调控的需求，因此，开发小尺度区域大气污染源调控关键技术已经刻不容缓、势在必行。

1.1.2 研究目的和意义

依据国家《大气污染防治行动计划》（国发〔2013〕37 号）、《京津冀及周边地区大气污染防治行动计划实施细则》（环发〔2013〕104 号），天津市制订了《天津市清新空气行动方案》，对全市以及各区县提出空气质量改善目标。但是随着天津市复合型空气污染形势日益明显，国家环境要求不断提升，大气环境污染防治科技支撑工作难以跟上形势发展的需要。突出表现为对污染源的底数不清、对污染物的排放底数不清、对污染物空间排放底数不清。

对于基层环境管理部门而言，既要维护本地区经济的发展，又要完成环境空气质量管理的目标，其更为关注的是小尺度区域大气污染源动态的调控。而目前，针对小尺度区域大气污染源动态调控没有现成的“技术体系”可用，无法科学有效地编制本地区的精细化源排放清单，使得环境空气质量管理工作只能停留在定性阶段，而无法跨入定量阶段。

为满足各区县环境管理部门的需求，本研究开发了“小尺度区域大气污染源动态调控关键技术”，以指导各区县根据需要编制本地区精细化大气污染源排放清单，对本地的大气污染源进行动态调控，进而为完成环境空气质量目标而制定科学有效的策略。

1.2 国内外研究现状

1.2.1 国外研究现状

近年来，国外对大气污染源排放清单有了较多的研究。Bouwman 等（1997）对全球尺度上 NH_3 的排放清单进行了研究，结果表明，全球 NH_3 的排放中，畜禽养殖业的排放占 40.2%，是最大的氨排放来源。在美洲，美国 1996 年建立了国家排放趋势清单，并于 1999 年完成了包含排放趋势清单和有毒气体清单的美国国家排放清单的编制。在欧洲，Misselbrook 等（2000）对欧洲农牧源氨排放进行了研究。近十多年来，亚洲的排放清单研究蓬勃发展起来。在亚洲尺度上，Ohara 等（2007）建立了亚洲地区 1980—2020 年人为源排放清单，Carmichael 等（2013）建立 2000 年亚洲大气污染物排放清单，Zhang 等（2009）在 TRACE-P 清单的基础上进行数据更新，建立了 2006 年亚洲大气污染物排放清单。

（1）美国污染源清单发展与现状。

美国国家环境保护局（USEPA）于 1970 年开始发布测试的空气污染物排放因子，并不断通过各种项目增加和更新排放因子。1985—1989 年完成了美国酸沉降评估项目，1990 年完成了 SO_2 和 NO_x 清单的编制，并发布了排放源分类码。为了建立可靠、权威和具有公信力的排放源清单，USEPA 进行了大量的研究和管理工作，对各类排放源的排放因子测试方法进行了规范说明。其组织了大量测量，并结合历史的排放源测试结果，对各类排放源的特征进行了梳理和归纳，在此基础上于 1996 年编制和发布《空气污染物排放因子汇编》（AP-42），后文涉及的排放因子获取方法简称“AP-42 方法”。此后，AP-42 手册因子库每年都进行完善和更新，涵盖了越来越多的排放源类型，为全面了解排放源特征和编制排放源清单提供了坚实的基础。

在较为完善的排放因子库研究的基础上，1993 年 USEPA 制定了排放源清单改进计划（Emission Inventory Improvement Program，EIIP）以统筹各级排放源清单的编制工作。EIIP 促进了环境空气污染物排放数据的收集、计算、存储、报告、共享等标准化过程的发展和使用。目前 EIIP 建立了排放源清单中排放量估算的标准方法、各种方法的质量保证和质量控制、数据收集和共享等系统以指导排放源清单的建立和改进等。EIIP 与随后发布的 AP-42 排放因子库一起促进了点源、面源、移动源、生物源等污染源排放源清单建立的标准化、规范化，提高了排放源清单质量，降低了清单的不确定性。

1996 年，美国建立了国家排放趋势清单；1999 年，美国完成了包含排放趋势清单和有毒气体清单的国家排放清单的编制。1995 年，美国、加拿大、墨西哥成立北美对流层臭氧研究组织（North American Research Strategy for Tropospheric Ozone，NARSTO），针对北美地区大气排放源清单现状进行了评估，并对未来清单改善工作进行了专家评议，提出了北美地区大气排放源清单未来改进工作的路线图。USEPA 于 2005 年 3 月发布了《清洁空气州级法规》（Clean Air Interstate Rule，CAIR），CAIR 的制定是基于一整套污染综合防治技术的集成，包括排放源清单编制技术、空气质量数值模拟技术、情景预测技术等，而区域的排放源清单正是整套工作的基础。

（2）欧洲污染源排放清单的发展。

1979 年在《长距离跨境空气污染公约》（Convention on Long-Range Transboundary Air Pollution，LRTAP）的促成下成立了 EMEP 计划，开始开展排放源清单的编制工作，随后基于 SNAP90 污染源命名和分类方法，设计了一套排放量计算方法和框架，并在此基础上编制了包含 5 种气态污染物、9 种重金属、26 种持久性有机污染物（POPs）和 $PM_{2.5}$、PM_{10}、TSP 三个粒径段颗粒物的 1980—2005 年欧洲国家排放源清单，并以 5 年为步长预测了直至 2030 年的排放量，并每年动态更新。基于所编制的历史排放源清单和排放预测，欧盟在 LRTAP 下通过了一系列政策研究，为欧洲区域污染物排放控制计划的提出提供了科学依据。

（3）亚洲污染源排放清单的发展。

2007 年日本国立环境研究院开发了 1980—2020 年亚洲排放清单，该清单集成了历史、现在和未来的污染物排放数据，提供了 2000 年的排放、1980—2003 年的历史排放和 2010—2020 年的预期排放，并建立了大气污染物排放量的 $0.5°\times0.5°$的空间分布网格。

1.2.2 国内研究现状

我国学者对排放源清单的研究起步较晚，区域排放源清单的研究工作更是随着我国区域大气污染的恶化及认识的深入而展开的。从研究的污染物对象来看，自 20 世纪 80 年代末起至 90 年代，我国大气污染主要呈现出煤烟型污染，且区域酸雨污染现象普遍，研究者主要关注的是制酸污染物 SO_2、NO_x、NH_3 以及以煤炭燃烧为代表的 PM_{10} 排放。21 世纪开始出现的区域光化学污染及近几年出现的大气复合污染问题，促使研究者开展关于 O_3 和 $PM_{2.5}$ 污染前体物的排放研究，基本涵盖了对 SO_2、NO_x、CO、PM_{10}、$PM_{2.5}$、BC、OC、VOCs 和 NH_3 等 9 种前体污染物。

（1）第一阶段开始于 20 世纪 80 年代后期，到 90 年代末为止。这一阶段，由煤炭燃烧时放出的烟气、粉尘、SO_2 等所构成的一次污染物，以及由这些污染物发生化学反应而生成的硫酸、硫酸盐类气溶胶等二次污染物造成的煤烟型大气污染占主导地位。这期间，对于 SO_2、NO_x、PM_{10} 和 NH_3 的排放源清单研究工作比较重视，但相对独立零散，除 NH_3 排放主要来自农业源之外，与其余 3 种污染物相关的研究对象集中于能源燃烧部门。

1997 年左右，我国学者才开始关注 NH_3 排放源清单的估算，主要集中在农业源畜禽养殖及氮肥施用氨排放，研究尺度均是基于省份统计水平下的全国排放源清单，但排放源分类及尺度较为粗糙，排放因子也多来自国外平均水平。

这期间的排放源清单编制工作主要基于部门活动水平，时空分辨率较低，估算的结果主要服务于国家的总量控制，尝试将清单结果应用于空气质量模型的研究很少，同时，大气污染源排放的分类较为粗糙，估算的污染物种类较少。

（2）近十多年，是我国经济、城市及工业快速发展的阶段，以 O_3 和 $PM_{2.5}$ 为特征的区域性复合型大气污染日益突出，区域内空气重污染现象大范围同时出现的频次日益增多。由此带来的大气污染得到了前所未有的关注，关于污染物排放源清单的工作也逐步得到了重视：关注的污染物种类不再局限于 SO_2 和 NO_x，加大了对 O_3 和 $PM_{2.5}$ 前体物的估算，基本涵盖了空气污染的主要前体物，如 CO、PM_{10}、$PM_{2.5}$、BC、OC、VOCs 和 NH_3 等；在排放源类别上，从能源部门的燃料燃烧，开始过渡到经济发展的各部门（如交通、工艺过程、农业、生物质燃烧、溶剂使用、扬尘及天然源等），并逐步开发基于技术信息和设备信息的高技术分辨率排放源清单，且开始尝试通过空气质量模型模拟研究应用到污染过程研究和控制决策研究；从国家总量控制对全国尺度清单总量的掌握，开始进一步关注区域高分辨率排放源清单的开发，应用于区域空气质量模型模拟研究区域大气污染形成机制、影响因素、预报预警等需求；并在重点排放源识别基础上，开展了一些本地排放因子的测试工作，以提高清单的准确性和降低清单的不确定性。

在国家尺度上，田贺忠等（2001）研究了中国 NO_x 排放清单；王丽涛等（2005）建立中国 2001 年 CO 人为源排放清单。在区域尺度上，黄成等（2011）在收集长江三角洲地区各城市人为源大气污染源资料的基础上，采用以“自下而上”为主的方法建立了 2007 年长三角洲地区人为源大气污染物排放清单；杨柳林等（2015）收集整理 2012 年珠江三角洲地区各种大气人为源及天然源基础活动数据，以排放因子法“自下而上”为主计算多种污染物排放量，构建了具备时空分布属性的区域性网格化大气源排放清单。在城市尺度上，王锦和吉奕康（2015）根据 2013 年北京市工业、农业、居民生活的统计资料以及《中国汽车工业年鉴》，建立了北京市 2013 年大气污染物排放清单；何敏等（2013）根据收集到的四川省电厂、工业及民用部门的活动水平数据，采用合理的估算方法和排放因子，建立四川省 2010 年大气固定污染源排放清单。

1.2.3 天津市研究现状

天津市环境监测中心借助“天津市环境空气监测预警体系建设”科研项目，于 2014 年初便开始了天津市大气污染源排放清单的编制。2015 年 2 月 9 日，环境保护部下达了《关于开展源排放清单编制试点工作的通知》（环办〔2015〕14 号），旨在探索建立源排放清单编制、共享系统和定期更新机制，并将天津市纳入源排放清单编制工作试点城市之一。天津市环境监测中心作为牵头人，承担了天津市大气污染源排放清单编制试点工作，且于 2015 年年底圆满完成了清单试点编制工作，提交了《天津市 2013 年大气污染源排放清单编制技术报告》，并得到了环境保护部专家的一致好评，使得天津市大气污染源排放清单的编制工作走在了全国的前列。随后，天津市环境监测中心会同武清区、西青区、东丽区、津南区、静海区、宝坻区、北辰区等 7 个区的环境保护局，对环境空气自动监测站周边大气污染源进行了调查，并编制了大气污染源排放清单，为各区环境空气质量的达标提出了科学的措施，使各区环境空气质量有了明显的改善。

1.3 研究内容及创新点

1.3.1 研究内容

针对目前管理的需要，构建包含大气污染源识别与分类技术、大气污染源活动水平获取技术、本地化大气污染源排放因子库构建技术、污染源排放量核算技术、排放清单的更新技术、排放清单质保质控技术、排放清单管理应用技术等 7 大技术为一体的“小尺度区域大气污染源动态调控关键技术体系”。

1.3.2 创新点

本研究的创新点有以下三点：（1）开发了落地的大气污染源活动水平获取技术；（2）创建了本地化的大气污染源排放因子库；（3）开发了精细化大气污染物空间排放核算及空间表征技术。

1.4 总体技术路线

总体技术路线见图 1-1。

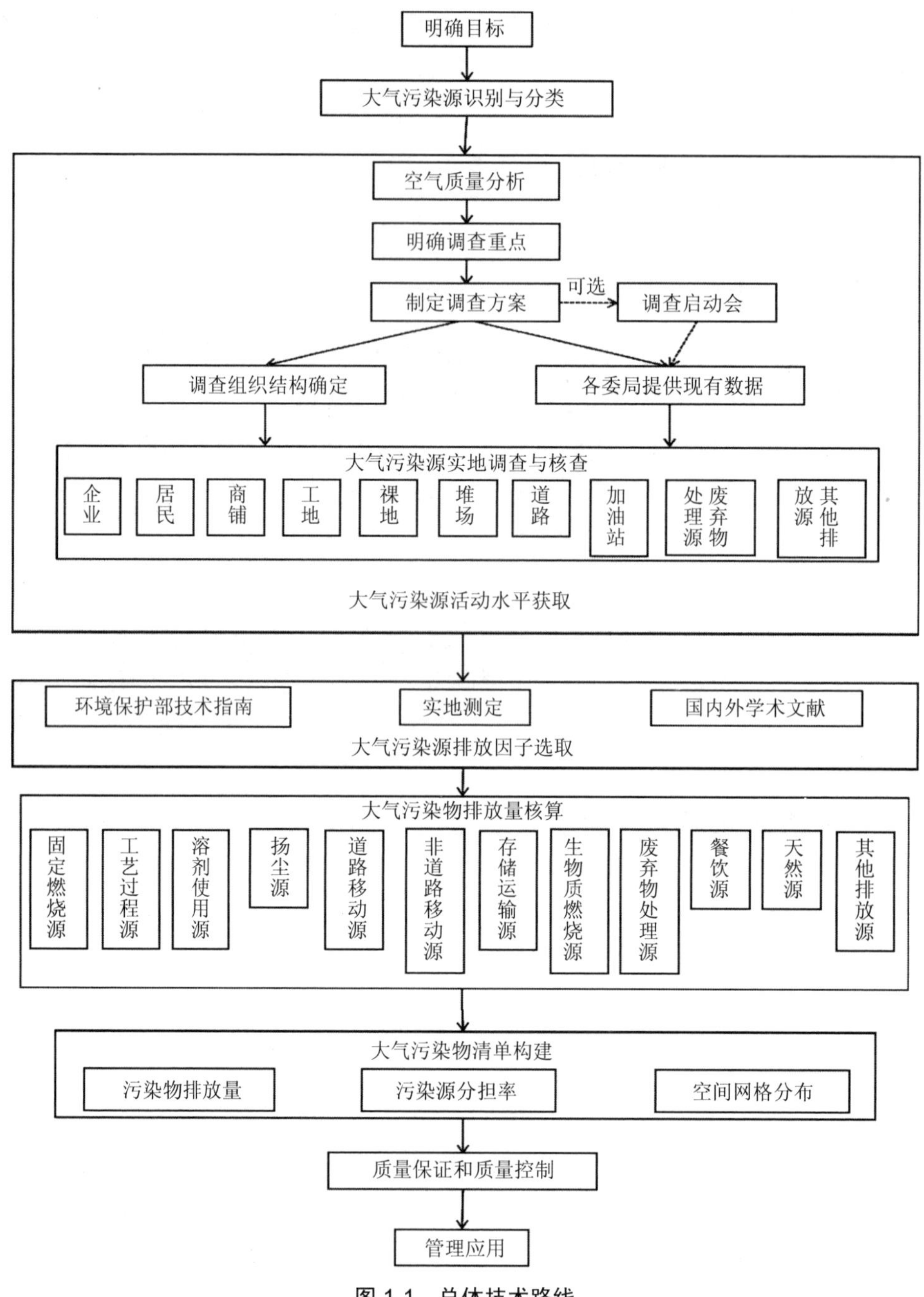

明确目标
大气污染源识别与分类
空气质量分析
明确调查重点
制定调查方案
可选
调查启动会
调查组织结构确定
各委局提供现有数据
大气污染源实地调查与核查
企业
居民
商铺
工地
裸地
堆场
道路
加油站
废弃物处理源
其他排放源
大气污染源活动水平获取
环境保护部技术指南
实地测定
国内外学术文献
大气污染源排放因子选取
大气污染物排放量核算
固定燃烧源
工艺过程源
溶剂使用源
扬尘源
道路移动源
非道路移动源
存储运输源
生物质燃烧源
废弃物处理源
餐饮源
天然源
其他排放源
大气污染物清单构建
污染物排放量
污染源分担率
空间网格分布
质量保证和质量控制
管理应用

图 1-1　总体技术路线

第 2 章　小尺度区域大气污染源动态调控关键技术概述

本研究中，小尺度区域大气污染源动态调控关键技术包括大气污染源的识别与分类、大气污染源活动水平的获取、本地化排放因子库构建、大气污染源排放量核算及空间表征、排放清单的更新、排放清单的质保质控、排放清单的管理应用等 7 大技术，其中，小尺度区域大气污染源活动水平的获取、本地化排放因子库的构建和大气污染源空间排放量的核算是本研究的主要创新点。

2.1　大气污染源的识别与分类

大气污染源的识别与分类是指对排放大气污染物的各类排放源依据需求将具有相似要素的排放源归总为一类。目前国家考核的空气指标为 PM_{10}、$PM_{2.5}$、SO_2、NO_2、CO、O_3，依据这些考核指标，本节对大气污染源进行分类。其中，排放 NH_3 的农牧源（也叫农业源）的分类可参考环境保护部清单编制系列指南和郑君瑜等（2013）的《区域高分辨率大气排放源清单建立的技术方法与应用》，在本研究中暂不涉及农牧源。

大气污染源的分类要依据具体的需要进行，在通过调查获取活动水平过程中，为了更高效地实施调查，需要依据调查对象来对污染源进行分类；在大气污染物排放量的核算过程中，为了更好地借鉴环境保护部清单编制指南，要按照清单编制对污染源进行分类；在清单应用于环境管理过程中，要依据方便污染控制措施制定的原则对污染源进行分类。本研究仅介绍依据调查对象和依据清单编制对污染源进行分类，按照管理需求的分类可以依据实际需要参照调查对象进行分类。

2.1.1 按调查对象分类

按调查对象进行分类时，原则上同一个地方只去调查一次，以企业为例，企业涉及的污染源可能有锅炉、散煤、溶剂使用、有机储罐、生产工艺、工业堆场、餐饮、非道路移动机械等污染源，因此在调查企业的过程中，要对这些污染源都进行调查。

按调查对象，可以把大气污染源分为企业、居民、商铺、工地、裸地、堆场、道路、加油站、废弃物处理设施、其他排放源。具体见表 2-1。

表 2-1 按调查要素分类的排放源类型

排放源类型	包含内容	标识代码
企业（含机关单位）	锅炉、窑炉、生产过程、散煤、食堂、工业料堆、工业废弃物堆、运输机械	QY
居民	散煤、餐饮、溶剂使用、户用生物质燃烧	JM
商铺	散煤、其他燃料、餐饮、喷涂、干洗	SP
工地	工地施工、工程机械、建筑料堆、建筑废弃物堆、建筑裸地	GD
裸地	裸露地面、农业机械、小型通用机械、柴油发电机组、露天焚烧	LD
堆场	建筑料堆、建筑废弃物堆、生活垃圾堆	DC
道路	道路扬尘、道路机动车、道路施工	DL
加油站	加油站	JY
废弃物处理源	污水处理厂、垃圾填埋场、垃圾焚烧发电厂	FQ
其他排放源	船舶、铁路内燃机车、民航飞机、天然植被、其他（停车场、有机储罐等）	CB、TL、FJ、ZB、QT

2.1.2 按清单编制分类

在清单编制过程中，为了方便各类大气污染物排放量的核算，借鉴环境保护部发布的清单编制指南，将大气污染源分为：固定燃烧源、工艺过程源、溶剂使用源、扬尘源、道路移动源、非道路移动源、存储运输源、生物质燃烧源、废弃物处理源、餐饮源、天然源、其他排放源。该大气污染源分类与按调查对象的分类对应关系见表 2-2。

表 2-2　按清单编制分类的排放源类型

排放源类型	对应调查对象源类
固定燃烧源	企业锅炉、企业散煤、居民散煤、商铺散煤、商铺其他燃料
工艺过程源	企业窑炉、企业生产过程
溶剂使用源	企业生产锅炉、居民溶剂使用、商铺喷涂、商铺干洗
扬尘源	工地施工、道路施工、道路扬尘、裸露地面、工业料堆、工业废弃物、建筑料堆、建筑废弃物堆、生活垃圾堆
道路移动源	道路机动车
非道路移动源	企业运输机械、工程机械、农业机械、小型通用机械、柴油发电机组、船舶、铁路内燃机车、民航飞机
存储运输源	有机储罐、加油站
生物质燃烧源	户用生物质燃烧、露天焚烧
废弃物处理源	生活垃圾堆、污水处理厂、垃圾填埋场、垃圾焚烧发电厂
餐饮源	企业食堂油烟、居民餐饮油烟、商铺餐饮油烟
天然源	天然植被
其他排放源	其他未涉及排放源（停车场等）

固定燃烧源的一级分类为电力、热力、工业、民用源，依据燃料类型进行二级分类，依据燃烧技术进行三级分类；工艺过程源依据行业进行一级分类，依据产品进行二级分类，依据工艺技术进行三级分类；溶剂使用源依据行业或部门进行一级分类，依据溶剂使用过程进行二级分类，依据溶剂类型进行三级分类；扬尘源的一级分类为裸地扬尘、道路扬尘、施工扬尘、堆场扬尘，其中裸地扬尘按照土地利用类型进行再分类，道路扬尘按照是否铺装再分类，施工扬尘按照施工阶段进行再分类，堆场扬尘按照堆场类型进行再分类；道路移动源依据车型进行一级分类，依据使用性质进行二级分类，依据燃料类型进行三级分类，按照排放标准进行四级分类；非道路移动源的一级分类为船舶、非道路移动机械、飞机、铁路，其中非道路移动机械的一级分类为工程机械、农业机械、小型通用机械，按照具体机械类型进行二级分类，按照功率进行三级分类，按照排放标准进行四级分类；存储运输源按照部门进行一级分类，按照产品进行二级分类；生物质燃烧源按照部门进行一级分类，按照燃料类型进行二级分类，按照工艺技术进行三

级分类；废弃物处理源按照部门进行一级分类，按照产品进行二级分类，按照工艺技术进行三级分类；餐饮源可分为居民餐饮和社会餐饮；天然源主要指的是植被排放。清单编制的污染源分类可以参照环境保护部系列清单技术指南。本研究不再进行赘述。

2.2 大气污染源活动水平的获取

大气污染源活动水平是指影响污染物排放量的物质的量，活动水平获取是清单精细化的关键所在，也是清单构建过程中最为复杂、耗时最长的环节，如果活动水平获取不全、不细，所构建的清单在管理应用中将会受到极大的限制。在小尺度区域构建大气污染源排放清单时，大气污染源活动水平的获取途径主要有实地调查、相关政府部门获取、统计年鉴、互联网、科研文献等。

2.3 本地化排放因子库构建

排放因子是连接污染源活动水平和污染源排放量的桥梁，是指单位活动水平排放的污染物的量。要想构建本地实用的排放源清单，就需要构建本地化的排放因子库。构建本地化的排放因子库的途径主要有实地测试、改进清单指南中的排放因子、简化清单指南中的排放因子、借鉴清单指南中的排放因子、借鉴国内外研究文献中的排放因子。

2.4 大气污染源排放量核算及空间表征

梳理前期获取的大气污染源活动水平和本地化的排放因子，依据清单指南可以计算各种大气污染物的排放量。

大气污染物空间表征依据调查获取的各个污染源的空间信息，基于地理信息系统软件处理而成，它是指将以行政区为单位的平面二维排放处理成以网格为单位的排放量的清单处理技术，按照点源和面源分别处理。点源具有明确位置标识，应根据其经纬度坐标将点源排放直接定位在网格上；面源标识到行政区，应采用代用参数权重法将排放分配到网格上，代用参数权重法是指利用与排放直接关联的栅格数据对排放进行网格化，即将每个网格覆盖的栅格数据占所在行政区的比例作为权重，将行政区排放量分摊到网格，而跨行政区边界的网格，按照面积比例计算分配权重。

2.5 排放清单的更新

与大尺度区域相比，小尺度区域构建的排放清单最大的优势在于快速更新、时效性好，可以更好地与环境管理服务相衔接，也可以更好地支持大气污染源的动态调控。小尺度区域排放清单的更新主体可以是街道网格员，街道网格员在实地巡查过程中，要将大气污染源活动水平的变化及时在活动水平库中进行更新，排放因子库的更新可以通过实地测试的方式进行更新，活动水平库与排放因子库进行更新之后，排放清单的更新也随之完成。

2.6 排放清单的质保质控

排放清单质量保证和质量控制包括清单编制过程的质量控制和排放清单的评估与验证。

清单编制过程中，要对数据进行检查和校对，可通过正确性检验、一致性检验和完整性检验确保数据质量和数据传递的准确性。正确性检验主要包括明确数据调查来源、记录和归档的正确性、可疑数据核实、数据单位核实等。一致性检验包括检验不同排放源活动水平调查空间和时间范围是否相同，排放量计算参数是否一致，确保通过调查获得的数据采取统一的处理方法和存储格式，保证数据收集和传递的质量。完整性检验指检查活动水平调查范围是否涵盖所有排放源类型，点源、线源和面源是否覆盖完整并受城市综合能源平衡表和工业产品产量约束。

排放清单的评估与验证可利用空气质量模型模拟校验和与宏观统计数据校核的方式进行。应用空气质量模拟校验是将排放清单数据输入模型进行模拟，与同时段空气质量监测数据比较验证排放清单准确性；宏观统计数据校核应与天津市整个区域的大清单进行核对比较。

2.7 排放清单的管理应用

大气污染源排放清单的管理应用主要有以下几点：（1）制定大气污染防治措施；（2）评估已经实施或即将实施的大气污染防治措施；（3）制定达标规划；（4）空气质量预报预测；（5）大气污染精细化来源解析。

第 3 章　基于调查的大气污染源活动水平获取技术

3.1　调查流程

在小尺度区域基于调查来获取大气污染源活动水平，首先要做的是要和环境管理行政部门做好沟通和衔接，图 3-1 是天津市环境监测中心作为技术支持在小尺度区域开展活动水平调查的流程图。首先，依据小尺度区域的环境空气质量，与当地环境管理部门商量方法、沟通细节，确定调查区域、调查原则、调查重点、调查方式、调查人员和后勤保障。然后，开展调查。一是要通过各个委局梳理现有大气污染源活动水平数据，二是通过实地调查来获取活动水平数据，获取的污染源类型按照调查对象的分类进行。最后，把调查得到的污染源活动水平数据进行梳理、整理，构建小尺度区域大气污染源活动水平库。

3.2　数据协调调查

数据协调调查是指在调查过程中，有些信息可通过各相关委办局方便获取，比如居民基本信息、工地、道路基本信息、道路车辆信息、喷涂汽修店、干洗店、加油站、餐馆等信息，这些信息将通过向各相关委办局发信息调查表的方式获得。此部分调查由区环保局协调和区各相关委办局发放调查表进行资料收集。

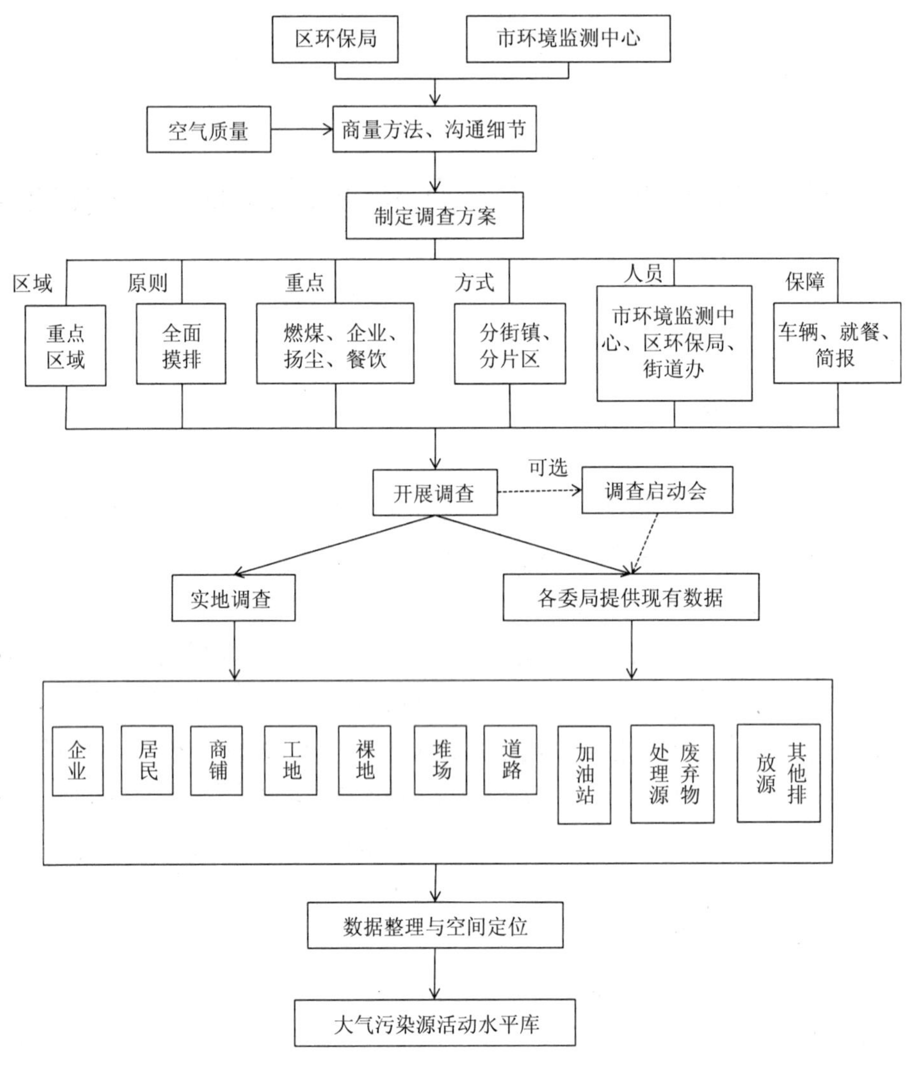

图 3-1　调查流程

3.3 数据实地调查

大气排放源的调查以实地调查为主，从各委局获取数据为辅。调查获取的数据除了要包含常规调查内容，还应该包含统一坐标系的空间位置信息，因此，在进行污染源实地调查过程中，要在相应的图中标出污染源的位置或范围。本节排放源分类是按照调查要素进行分类的，主要介绍各个排放源实地调查过程中需要调查的具体信息。

3.3.1　企业

需要调查的企业信息包括企业基本情况、锅炉信息、窑炉信息、散煤信息、生产工艺流程、原辅料信息、产品信息、废气治理设施情况、烟囱信息、工业堆场信息、运输机械信息、食堂信息等 12 项内容。

其中，企业基本情况主要包括单位名称、联系人、联系电话、单位详细地址、主营业务、调查时间段生产天数、企业规模等 7 项内容，且均为必填项；锅炉信息主要包括锅炉铭牌型号、锅炉类型、锅炉蒸吨、燃料消耗量、燃料类型、煤炭硫分、煤炭灰分、煤炭挥发分、数量等 9 项内容，锅炉蒸吨、燃料消耗量、燃料类型、数量为必填项；窑炉信息主要包括窑炉铭牌型号、窑炉类型、窑炉燃料类型、燃料用量、煤炭硫分、煤炭灰分、煤炭挥发分、数量等 8 项内容，窑炉燃料类型、燃料用量、数量为必填项；散煤信息包括煤种类型、用途、炉具类型、用煤月份、月均用煤量、铭牌等 6 项内容，煤种类型、用途、用煤月份、月均用煤量为必填项；生产工艺流程根据各企业实际生产过程如实详细填写；原辅料信息主要包括原辅料名称、对应生产工艺名称、月均使用量等 3 项内容，且均为必填项；产品信息主要包括产品名称、对应生产工艺名称、月均产量等 3 项内容，且均为必填项；废气治理设施情况主要包括脱硫工艺、月运行时间、脱硫效率、脱硝工艺、月运行时间、脱硝效率、除尘工艺、月运行时间、除尘效率、VOCs 处理工艺、月运行时间、VOCs 处理效率等 12 项内容，且均为必填项；烟囱信息主要包括烟囱高度、出口内径、烟气温度、烟气流量、月废气排放量、原烟 SO_2、净烟 SO_2、原烟 NO_x、净烟 NO_x、原烟烟粉尘、净烟烟粉尘等 11 项内容，烟囱高度、出口内径、烟气温度、烟气流量、月废气排放量为必填项；工业堆场信息主要包括堆场类型、占地面积、堆场高度、堆场材料、控制措施、覆盖率、月均装卸次数、每次装卸量、月均总装卸量等 9 项内容，堆场类型、占地面积、堆场高度、堆场材料、控制措施、覆盖率、月均总装卸量为必填项；运输机械信息包括机械类型、数量、每台机械月均柴油消耗量、月均柴油消耗量等 4 项内容，机械类型、数量、月均柴油消耗量为必填项；食堂信息包括灶头数、灶头月使用时间、是否安装油烟净化设施、油烟净化设施台数等 4 项内容，且均为必填项。

3.3.2 居民

需要调查的居民信息主要包括街镇名称、小区或村庄名称、总户数、取暖用煤户数、每户取暖平均用煤量、做饭用煤户数、每户做饭平均用煤量、秸秆焚烧做饭户数、每户秸秆焚烧量等 9 项内容，均为必填项。

3.3.3 商铺

需要调查的商铺信息包括商铺基本情况、散煤信息、其他燃料信息、餐饮油烟信息、喷涂干洗信息等 5 项内容。其中，商铺基本情况包括商铺名称、联系人、联系电话、商铺详细地址、主营业务等 5 项内容，均为必填项；散煤信息主要包括煤种类型、用途、炉具类型、用煤月份、月均用煤量、炉具铭牌等 6 项内容，煤种类型、用途、用煤月份、月均用煤量为必填项；其他燃料信息主要包括燃料类型（木炭、煤气、天然气、醇基燃料、其他）、用途、使用月份、月均消耗量等 4 项内容，均为必填项；餐饮油烟信息主要包括灶头数、灶头月使用时间、是否安装油烟净化设施、油烟净化设施台数等 4 项内容，均为必填项；喷涂干洗信息主要包括喷漆用途、喷漆类型、油漆月均消耗量、VOCs 处理工艺、干洗用途、干洗剂类型、干洗剂月均消耗量等 7 项内容，均为必填项。

3.3.4 工地

需要调查的工地信息主要包括工地施工信息、工程机械信息、建筑堆场信息、建筑裸地信息等 4 项内容。其中，工地施工信息主要包括工地名称、联系人、联系电话、工地详细地址、施工占地面积、施工开始时间、施工活跃月份、施工类型、施工阶段、控制措施、覆盖率等 11 项内容，且均为必填项；工程机械信息主要包括机械类型、数量、每台机械月均柴油消耗量、月均柴油消耗量等 4 项信息，机械类型、数量、月均柴油消耗量为必填项；建筑堆场信息主要包括堆场类型、占地面积、堆场高度、堆场材料、控制措施、覆盖率、月均装卸次数、每次装卸量、月均总装卸量等 9 项内容，堆场类型、占地面积、堆场高度、堆场材料、控制措施、覆盖率、月均总装卸量为必填项；建筑裸地信息主要包括裸地面积、控制措施、覆盖率等 3 项内容，且均为必填项。

3.3.5 裸地

需要调查的裸地信息主要包括裸露地面信息、机械信息、露天焚烧信息等 3 项内容。其中，裸露地面信息主要包括裸地详细地址、裸地名称、裸地类型、裸地面积、裸地控制措施、覆盖率等 6 项内容，除裸地名称外，均为必填项；机械信息主要包括机械类型、数量、每台机械月均柴油消耗量、月均柴油消耗量等 4 项内容，除每台机械月均柴油消耗量外，均为必填项；露天焚烧信息主要包括焚烧物种种类、焚烧面积、焚烧物单位面积重量等 3 项信息，焚烧物种种类、焚烧面积为必填项。

3.3.6 堆场

需要调查的堆场信息主要包括堆场类型、占地面积、堆场高度、堆场材料、控制措施、覆盖率、月均装卸次数、每次装卸量、月均总装卸量等 9 项内容，堆场类型、占地面积、堆场高度、堆场材料、控制措施、覆盖率、月均总装卸量为必填项。

3.3.7 道路

需要调查的道路信息主要包括道路名称、是否铺装、每天清扫次数、清扫方式、每天洒水次数、车辆（出租车、小型客车、公交车、中型客车、大型客车、小型货车、中型货车、大型货车、三轮车、摩托车）车流量等 6 项内容，且均为必填项。

3.3.8 加油站

需要调查的加油站信息主要包括加油站名称、加油站地址、汽油月均销售量、柴油月均销售量、油气回收措施等 4 项内容，且均为必填项。

3.3.9 废弃物处理源

需要调查的废弃物处理源主要内容包括企业基本情况、锅炉信息、窑炉信息、散煤信息、废弃物处理信息、烟囱信息等 5 项内容。其中，企业基本情况包括单位名称、联系人、联系电话、单位详细地址、主营业务、调查时间段运行天数、企业规模等 7 项内容，且均为必填项；锅炉信息主要包括锅炉铭牌型号、锅炉类型、锅炉蒸吨、燃料消耗量、燃料类型、煤炭硫分、煤炭灰分、煤炭挥发分、数量等 9 项内容，锅炉蒸吨、燃料消耗量、燃料类型、数量为必填项；窑炉信息主要包括窑炉铭牌型号、窑炉类型、窑炉燃料类型、燃料用量、煤炭硫分、煤炭灰分、煤炭挥发分、数量等 8 项内容，窑炉燃料类型、燃料用量、数量为必填项；散煤信息包括煤种类型、用途、炉具类型、用煤月份、月均用煤量、铭牌等 6 项内容，煤种类型、用途、用煤月份、月均用煤量为必填项；废弃物处理信息主要包括污水月均处理量、固体月均填埋量、固体月均焚烧量、废气净化方式等 4 项内容，且均为必填项；烟囱信息主要包括烟囱高度、出口内径、烟气温度、烟气流量、月废气排放量、原烟 SO_2、净烟 SO_2、原烟 NO_x、净烟 NO_x、原烟烟粉尘、净烟烟粉尘等 11 项内容，烟囱高度、出口内径、烟气温度、烟气流量、月废气排放量为必填项。

3.3.10 其他排放源

其他排放源主要包括船舶、铁路内燃机车、民航飞机、天然植被、其他（停产场、有机储罐等），主要获取的数据包括规模、大小、数量以及燃料消耗的情况。

第 4 章　本地化大气污染源排放因子库构建技术

在本地化大气污染源排放因子库构建过程中，由于固定燃烧源、工艺过程源、道路移动源排放量大、受本地影响大，因此一般采用实地测量。

4.1　实地测量

4.1.1　固定燃烧源

（1）锅炉。

综合锅炉吨位、燃料类型、燃烧工艺及污染物去除措施等信息，选取天津市 7 台燃煤供热锅炉、1 台燃气锅炉开展排放因子测试，测试锅炉的主要功能为供热，测定时间选在供暖期内的 2015 年 1 月进行，测试锅炉基本信息如表 4-1 所示。颗粒物取样点设置在除尘器和脱硫装置后的出口烟道，测试口位置及大小等依照《固定污染源排气中颗粒物测定与气态污染物采样方法》（GB/T 16157—1996）的采样基本要求。

表 4-1　锅炉基本信息

锅炉编号	锅炉型号	锅炉吨位/（t/h）	燃料类型	炉型	燃烧方式	除尘设施
1#锅炉	SHL-20/13-A	20	低硫煤	链条炉排	层燃	湿式除尘
2#锅炉	DHL29-1.25/130/70-AⅡ	40	烟煤	链条炉排	层燃	湿式除尘
3#锅炉	CZLI-1.25-AⅡ	10	燃煤	链条炉排	层燃	湿式除尘
4#锅炉	SZL29-1.25/130/70-AⅡ	40	烟煤	链条炉排	层燃	湿式除尘
5#锅炉	SHL40-2.5-AⅡ	20	燃煤	链条炉排	层燃	多管旋风

锅炉编号	锅炉型号	锅炉吨位/（t/h）	燃料类型	炉型	燃烧方式	除尘设施
6#锅炉	WNX7.0-1.25/135/QW	10	天然气	—	—	—
7#锅炉	DZL58	80	燃煤	链条炉排	层燃	多管旋风
8#锅炉	DZL64/1.6-150-90/AⅡ3	90	燃煤	链条炉排	层燃	多管旋风

①采样设计。烟气分析仪（Testo350）用于在线测量烟气中 O_2 含量和烟气温度等参数；采用皮托管流量计测量烟气流量。采用芬兰 Dekati 公司的颗粒物稀释器进行 PM_{10} 和 $PM_{2.5}$ 颗粒物数据采集，主要包括烟气进气（采样枪）部分、一级稀释系统、二级稀释系统、停留室和采样部分，是为燃烧或其他工业过程中颗粒物测量所设计的稀释采样系统。其中一级稀释为热稀释，利用加热后接近烟气温度的零空气进行初步稀释，确保烟气在稀释时不发生冷凝；二级稀释为冷稀释，即利用零空气将高温烟气稀释冷却至大气环境温度，在本研究中，稀释倍数为 6～7 倍。利用双通道颗粒物旋风采样器进行 PM_{10} 和 $PM_{2.5}$ 的膜采样，其中对 PM_{10} 和 $PM_{2.5}$ 的滤膜保存及称量均参照《环境空气 PM_{10} 和 $PM_{2.5}$ 的测量 重量法》（HJ 618—2011）进行。PM_{10} 和 $PM_{2.5}$ 排放质量浓度及排放量的计算依据《固定污染源排气中颗粒物测定与气态污染物采样方法》（GB/T 16157—1996）进行。

②烟尘排放控制后 PM_{10}、$PM_{2.5}$ 排放水平及分布规律。测试锅炉除尘和脱硫后的 PM_{10}、$PM_{2.5}$ 排放质量浓度后得到结论，燃气锅炉颗粒物排放质量浓度较低，在无控条件下，其中可吸入颗粒物排放即为细颗粒物排放。燃煤锅炉污染物排放在经过除尘和脱硫后，烟气颗粒物排放中细颗粒物占可吸入颗粒物的 77.42%～94.19%，且多管旋风除尘 $PM_{2.5}/PM_{10}$ 比例（88.89%～94.19%）要显著高于湿式除尘 $PM_{2.5}/PM_{10}$ 比例（77.42%～93.02%），与国内相关研究比较，本研究中细颗粒物在可吸入颗粒物中的分布情况具有较好的可比性，结果表明，燃煤层燃锅炉颗粒物排放中，$PM_{2.5}$ 占 PM_{10} 的绝大部分（达 93%），除尘设施对较大粒径颗粒物的去除效率要高于对细颗粒物的去除效率，且湿式除尘对细颗粒物的捕集效率要高于机械除尘（多管旋风），所以燃煤锅炉排放的主要为细颗粒物。

③PM_{10}、$PM_{2.5}$ 实测排放因子与物料衡算法比较。排放因子即排放系数，是编制大气污染源排放清单的重要参数。采用排放因子法编制大气污染源排放清单，与其他核算方法比较而言，其准确度适中且简单方便，欧盟、美国等已将排放因

子法视为空气质量管理的基本工具。目前，在国内，基于实测的污染物排放因子库尚未完善，通常依据物料衡算法计算燃煤锅炉 PM_{10}、$PM_{2.5}$ 等污染物排放因子，计算方法如下。

$$EF_{PM}=A_{ar}\times(1-ar)\times f_{PM}\times(1-\eta) \tag{4-1}$$

式中：EF_{PM}——PM_{10} 或 $PM_{2.5}$ 的排放因子；

A_{ar}——所用燃煤的灰分；

ar——灰分进入底灰的比例，在本研究中，选取的 8 台燃煤测试锅炉主要功能是供暖，且燃烧方式为层燃，因此 ar 取值 0.85；

f_{PM}——PM_{10} 或 $PM_{2.5}$ 在总颗粒物所占的比例，在本研究中，PM_{10} 的 f_{PM} 取值 0.33，$PM_{2.5}$ 的 f_{PM} 取值 0.10；

η ——除尘效率，湿法除尘对 PM_{10}、$PM_{2.5}$ 的去除效率分别为 77.88%、50%，多管旋风除尘对 PM_{10}、$PM_{2.5}$ 的去除效率分别为 51.82%、10%。

本研究中 8 台测试锅炉 PM_{10}、$PM_{2.5}$ 实测排放因子与物料衡算结果比较可以看出，采用物料衡算方法计算所得的颗粒物排放因子远高于实测值，由此可知，在无实测排放因子支撑的情况下，采用物料衡算法对供暖燃煤锅炉 PM_{10}、$PM_{2.5}$ 的一次排放清单估算结果势必存在高估的情况。

利用颗粒物质量浓度及燃料使用量，计算出各锅炉的 PM_{10}、$PM_{2.5}$ 的排放因子，并与其他研究结果进行比较得出结论。本研究中湿法除尘燃煤锅炉 PM_{10}、$PM_{2.5}$ 的排放因子平均值分别为（0.341±0.289）kg/t、（0.305±0.270）kg/t，旋风除尘燃煤锅炉 PM_{10}、$PM_{2.5}$ 的排放因子平均值分别为（0.608±0.163）kg/t、（0.558±0.165）kg/t；其中 $PM_{2.5}$ 排放因子平均值略低于王书肖等（2010）的研究结果，这可能与煤质有关。燃气锅炉 PM_{10}、$PM_{2.5}$ 实测排放因子均为 0.025 kg/万 m^3，与清单编制技术文件提供的参考值（0.03 kg/万 m^3）较为接近，具有较好的可比性。

（2）民用散煤。

本研究采用稀释通道采样法采集 PM_{10}、$PM_{2.5}$ 样品。

①采样原则：采样时污染源应处于正常工况条件；应采集污染源排放到环境空气中较稳定存在的污染物，必要时可利用特殊装置（如稀释通道采样装置）模拟颗粒物进入环境空气的真实过程。对于同一源类的不同子源（如民用燃烧源不

同燃烧设备类型），应分别采集。

②采样原理：烟气稀释通道采样方法的原理是将具有一定温度和湿度的烟气或废气从排放装置中引入稀释通道设备内，用洁净空气进行稀释，并冷却至大气环境温度，稀释冷却后的混合气体进入采样舱，停留一段时间后污染物（如颗粒物、气态污染物）被采样器捕集或在线分析仪器测试。该方法模拟烟气或废气排放到大气中几秒到几分钟内的稀释、冷却、凝结等过程，可近似认为捕集的污染物是燃烧源排放的一次污染物，包括一次气态污染物、一次固态颗粒物和一次凝结颗粒物。

③采样设备：图 4-1 为本项目采用的烟气稀释通道采样系统示意图和现场采样图，该设备包括四个部分：烟气采样装置（等速采样头、旋风切割器、烟气采样管）、洁净空气发生系统（稀释气）、烟气稀释系统（稀释比控制系统、烟温加热系统、烟气停留室）和稀释烟气采集系统（颗粒物采样器）。

PM_{10} 和 $PM_{2.5}$ 均需要使用石英和有机两种滤膜进行采集，通常对于元素分析可采用聚四氟乙烯、聚丙烯、醋酸纤维酯等有机滤膜，对于水溶性离子分析可采用聚四氟乙烯、石英滤膜，对于碳组分和有机物（如多环芳烃）分析可采用石英滤膜。

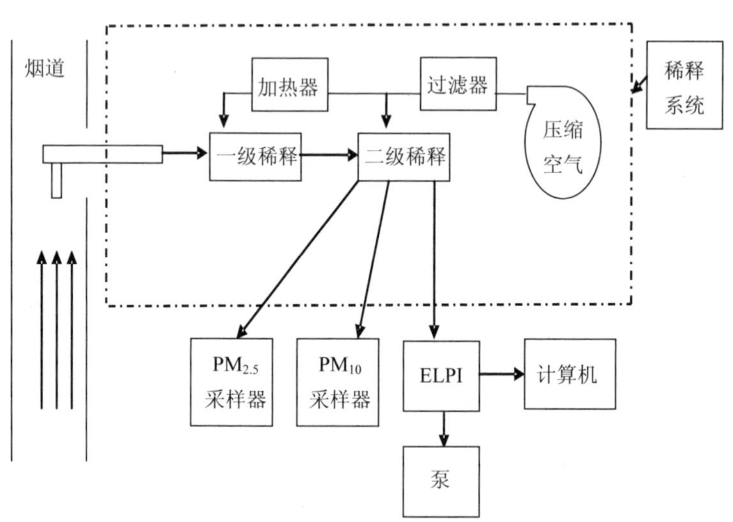

图 4-1　烟气稀释通道采样系统示意、现场采样图

④采样布点：采样点的布设具体参照《固定污染源排气中颗粒物测定与气态污染物采样方法》（GB/T 16157—1996）和《固定源废气监测技术规范》（HJ/T 397—2007）的相关规定。

⑤采样步骤：连接稀释通道采样系统；计算烟气流速、密度、含湿量、等速采样流量等参数，按照 GB/T 16157—1996 规范方法采用预测流速法确定等速采样嘴的直径；根据烟气流速、稀释空气流速、所有仪器的流量，确定稀释倍数（一般为 10～30 倍），调整好稀释空气进气口和出气口气体流量；开启各个仪器的采样泵，同步采集样品，记录采样开始时间等信息；根据现场定时检查采样情况，确定满足组分分析需要的采样时间（对于工艺过程源，采样时间应尽量覆盖完整的工艺过程）；采样结束后，关闭采样泵，记录结束时间和采样体积；每个点位每种污染物分别采集 3 组平行样品。

⑥质控：在采样前需要在风洞使用气溶胶标准粒子对 $PM_{2.5}$ 和 PM_{10} 采样器的切割头进行标定，需要使用至少达到二级标准的流量计对采样流量进行标校；在采样前对滤膜进行净化处理，空白值应满足化学分析要求；到达现场后，对所有仪器设备再进行一次流量标校；采样过程中，避免连续采集不同源类的样品，及时用酒精和蒸馏水清洁采样设备，防止样品之间的交叉污染；采样结束，将采样滤膜放入便携式冰箱中冷冻保存，及时运回实验室进行称重和化学分析；称重尽

量用恒温恒湿自动称重天平。

质控具体参数参见《环境空气 PM_{10}和$PM_{2.5}$的测定 重量法》(HJ 618—2011)、《环境空气颗粒物（PM_{10}和$PM_{2.5}$）采样器技术要求及检测方法》（HJ 93—2013 代替 HJ/T 93—2003）。

⑦采样方案：根据燃料类型和炉具类型的不同，选取 3 个典型民用燃烧设备，进行 PM_{10}、$PM_{2.5}$采样，获得 PM_{10}、$PM_{2.5}$等污染物的本地化排放因子。具体采样设置和工作量见表 4-2。

表 4-2 民用燃烧源采样设置和工作量

炉型	燃料类型	样品数	
		PM_{10}	$PM_{2.5}$
传统炉具	无烟蜂窝煤	2	2
商品炉具	无烟煤球	2	2
烧烤炉具	木炭	2	2

⑧测试结果。

排放量和排放因子计算公式见式（4-2）、式（4-3）。

$$E = C \times Q \tag{4-2}$$

$$\mathrm{EF} = E/A \tag{4-3}$$

式中：E——污染物单位时间平均排放量，mg/h；

C——污染物单位时间平均排放浓度，mg/m^3；

Q——单位时间废气平均流量（排污断面面积×废气流速），m^3/h；

A——单位时间排放源的活动水平（数量、长度、面积）；

EF——与 A 对应的单位时间污染物排放系数。

采用手工测量的方式获得上述计算参数的数据。如表 4-3 所示，木炭烧烤的 PM_{10}、$PM_{2.5}$排放因子较大，无烟蜂窝煤和无烟煤球的排放因子较小且相差不大，前者是后两者几十倍。

表 4-3　民用燃烧炉具排放测试结果

炉型	燃料类型	浓度/（mg/m^3）		排放量/（mg/h）		排放因子/（g/kg）	
		PM_{10}	$PM_{2.5}$	PM_{10}	$PM_{2.5}$	PM_{10}	$PM_{2.5}$
传统炉具	无烟蜂窝煤	0.22	0.15	0.063	0.043	0.76	0.52
商品炉具	无烟煤球	0.19	0.17	0.052	0.048	0.63	0.58
烧烤炉具	木炭	118.5	65.9	33.5	18.6	53.5	29.8

4.1.2　工艺过程源

（1）颗粒物。

①采样监测。

采样布点：采样点的布设具体参照《固定污染源排气中颗粒物测定与气态污染物采样方法》（GB/T 16157—1996）和《固定源废气监测技术规范》（HJ/T 397—2007）的相关规定。

固定源采样位置选择在垂直管段，避开烟道弯头和断面急剧变化的部位。采样位置应设置在距弯头、阀门、变径管下游方向不小于 6 倍直径和距上述部件上游方向不小于 3 倍直径处。对矩形烟道，其当量直径 $D=2AB/(A+B)$，式中 A、B 为边长。测试现场空间有限，难以满足上述要求时，采样断面与弯头等的距离至少是烟道直径的 1.5 倍。采样平台应有足够的工作面积使工作人员安全、方便地操作。平台面积不小于 1.5 m^2，并设有 1.1 m 高的护栏和不低于 10 cm 的脚部挡板，采样平台的承重不小于 200 kg/m^2，采样孔距平台面 1.2～1.3 m，孔径不得小于 60 mm。

具体操作步骤如下：连接稀释通道采样系统；计算烟气流速、密度、含湿量、等速采样流量等参数，按照 GB/T 16157—1996 规范方法采用预测流速法确定等速采样嘴的直径；根据烟气流速、稀释空气流速、所有仪器的流量，确定稀释倍数（一般为 10～30 倍），调整好稀释空气进气口和出气口气体流量；开启各个仪器的采样泵，同步采集样品，记录采样开始时间等信息；根据现场定时检查采样情况，确定满足组分分析需要的采样时间（对于工艺过程源，采样时间应尽量覆盖完整的工艺过程）；采样结束后，关闭采样泵，记录结束时间和采样体积；每个点位每种污染物分别采集 3 组平行样品。

②质控。

在采样前需要在风洞使用气溶胶标准粒子对 $PM_{2.5}$ 和 PM_{10} 采样器的切割头进行标定，需要使用至少达到二级标准的流量计对采样流量进行标校；滤膜在采样前进行净化处理，空白值应满足化学分析要求；到达现场后，对所有仪器设备再进行一次流量标校；采样过程中，避免连续采集不同源类的样品，及时用酒精和蒸馏水清洁采样设备，防止样品之间的交叉污染；采样结束，将采样滤膜放入便携式冰箱中冷冻保存，及时运回实验室进行称重和化学分析；称重尽量用恒温恒湿自动称重天平。

质控具体参数参见《环境空气　PM_{10} 和 $PM_{2.5}$ 的测定　重量法》(HJ 618—2011)、《环境空气颗粒物（PM_{10} 和 $PM_{2.5}$）采样器技术要求及检测方法》（HJ 93—2013 代替 HJ/T 93—2003）。

选取了 1 个水泥厂和 2 个钢铁厂，针对不同排污节点（水泥炉窑的窑头和窑尾、钢铁炉窑的烧结和炼钢），对 PM_{10} 和 $PM_{2.5}$ 的排放因子和排放量（除尘器后）进行了同步测量。具体采样设置和工作量见表 4-4。

表 4-4　工艺过程源采样点位设置和工作量

采样地点	行业	工艺	采样点数	样品数	
				PM_{10}	$PM_{2.5}$
振兴水泥	水泥	窑头	1	2	2
		窑尾	1	2	2
天钢联合特钢	钢铁	烧结	1	2	2
天津荣成钢铁	钢铁	炼钢	1	2	2
合计			4	8	8

（2）挥发性有机物。

①仪器设置。

对于固定污染源废气 VOCs 的排放测试，目前已有多种方法，如美国的 TO-18 苏玛罐采样法、国内的气袋采样法以及吸附管（Tenax 管）采样等方法。考虑到企业和采集的样品较多以及苏玛罐的数量有限，因此利用苏玛罐和采样袋结合的方式进行采样，苏玛罐采集的样品利用 GC-MS 分析，采样袋采集的样品送回实验室用在线分析仪器飞行时间质谱仪（PTR-TOF-MS）来进行测试。下面对样品的采集、分析仪器和采样方法进行重点阐述。

工业企业主要有两种废气排放方式，分别是无组织排放和有组织排放。所以需要对两种情况采用不同的仪器装置进行样品采集。

对于无组织排放使用 3 L 不锈钢真空气体采样罐，在苏玛罐上装上限流阀进行限流，限流时间为 30 min。苏玛罐主要用来进行环境采样，如厂界、上风向等污染物浓度较低的地方，苏玛罐采样相对于其他采样器，既能实现正压采样又能实现负压采样，苏玛罐加装限流阀后可实现对非稳态排放的污染物长时间恒流采样。苏玛罐内壁经硅烷化处理，可以减少采样容器对采集样品的吸附，减少损失，增加准确度。同时也利用气袋采样法进行无组织的采样。采样所用的苏玛罐和采样袋见图 4-2。

图 4-2　苏玛罐和采样袋

有组织排放的采样方法参考《固定污染源废气　挥发性有机物的采样　气袋法》（HJ 732—2014），使用真空箱、抽气泵等设备将固定污染源排气筒排放的废气直接采集并保存到化学惰性优良的薄膜气袋中，具体的管路连接如图 4-3 所示。其中采样气袋和连接管均使用聚四氟乙烯材料，采样气袋的容积为 3 L。采样袋采样的优点是方便快捷，采样完成后密封，可送到实验室进行全量分析。

图 4-3 气袋采样法的管路连接

②采样方法。

对于有组织排放和无组织排放的监测按照国家规定的标准和规范进行，有组织排放源的监测参照《固定源废气监测技术规范》（HJ/T 397—2007）和《大气污染物综合排放标准》（GB 16297—1996），无组织排放源的监测参考《大气污染物无组织排放监测技术导则》（HJ/T 55—2000）和《大气污染物综合排放标准》（GB 16297—1996）进行监测。

有组织排放源的监测参照《固定源废气监测技术规范》（HJ/T 397—2007）和《大气污染物综合排放标准》（GB 16297—1996），采样位置应避开对测试人员操作有危险的场所，采样位置应优先选择在垂直管段，应避开烟道弯头和断面急剧变化的部位。采样位置应该设置在距弯头、阀门、变径管下游方向不小于 6 倍直径和距上述部件上游方向不小于 3 倍直径处。对于气态污染物，由于混合比较均匀，应该避开涡流区，可选取靠近烟道中心的一点作为采样点。测定排气流量时，采样位置应符合上述原则。对于采样频率和时间，排气筒中废气的采样以连续 1 h 的采样获取平均值，或在 1 h 内，以等时间间隔采集 3～4 个样品，并计算平均值。若某排气筒的排放为间断性排放，排放时间小于 1 h，应在排放时段内采取连续采样，或在排放时段内等间隔采集 2～4 个样品，并计算平均值。对于工业企业，集中有组织排放主要是排放烟囱，经现场调研发现，大多数企业不具备规范的排气烟囱，更缺乏规范的采样孔，大多数不能满足标准的采样位置，因此要根据实际情况选择采样位置，且要尽量避开涡流区。另在采样的同时利用烟枪监测烟囱的流量和流速等。

无组织排放源的监测参考《大气污染物无组织排放监测技术导则》（HJ/T 55—2000）和《大气污染物综合排放标准》（GB 16297—1996）。其中 NO_x 的监测点设在无组织排放源下方向 2～50 m 范围内的浓度最高点，相应的参照点设在排放源上风向 2～50 m 范围内。O_3 的监控点设在单位周界外 10 m 范围内的浓度最高点。废气监控点最多设 4 个，参照点设 1 个。在一般情况下排放源看作一个点源，监测点应设在平均风向轴线的两侧，监控点与无组织排放源所形成的夹角不超过方向变化的风向读数的标准偏差范围之内，如图 4-4 所示。并将采样口的位置抬至 1.5 m 处。除此之外还要考虑围墙的通透性，当通透性很好时，可紧靠围墙外侧设监控点，当围墙的通透性不好的时候，也可紧靠围墙设监控点，但把采气口抬高至高出围墙 20～30 cm，如图 4-5 中 *A* 点处。按规定对无组织排放实施监测时，实行连续 1 h 的采样，或者实行在 1 h 内以等时间间隔采集 3～4 个样品计平均值。在进行实际监测时，为了捕捉到监控点最高浓度的时段，实际安排的采样时间可超过 1 h。实际采样位置根据实际情况设置在厂区内生产工艺单元、储罐单元、集水池和厂界上下风向等处，1 h 内采 3 个平行样，需要来回走动均匀采样，且上风向和下风向保持一定的延时性，确保样品采集的代表性。

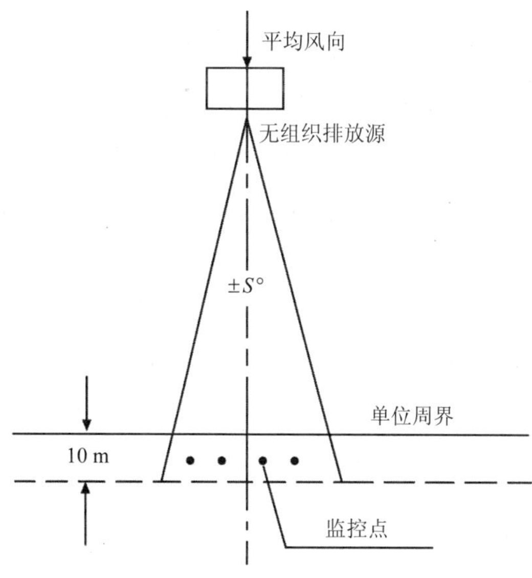

图 4-4　一般情况下的监控点设置示意

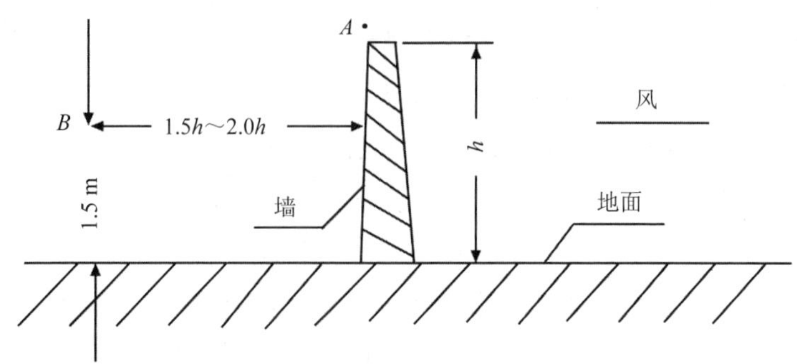

图 4-5 不透风围墙外设监控点的参考方法图

③样品分析。

对于苏玛罐的样品研究采用三级冷阱预浓缩-GC/MS 分析技术，样品经三级冷阱预浓缩系统能有效去除空气中的 H_2O 和 CO_2 等，将样品大量浓缩，使分析结果更加准确，由于该种方法具有灵敏度高的特点，因此可以检测到大气环境中的痕量污染物。对采样气袋采集的样品利用在线仪器 PTR-TOF-MS 进行分析。

PTR-TOF-MS 是将质子转移反应器（PTR）与飞行时间质谱（TOF-MS）结合在一起的进行化学分析的一种强有力工具。飞行时间质谱仪是根据不同质荷比的离子在相同电场作用下的飞行时间不同而完成相互分离的。它对相关的挥发性化合物具有足够的灵敏度。PTR-TOF-MS 的主要部件包括加热进样管线系统、空心阴极辉光放电离子源，配置离子源漂移、PTR 反应器配置离子浓缩器，加热箱和控制器、飞行时间离子源和质谱仪和真空泵，控制器和测量仪。它所具有的特点是：对分析物灵敏度高，检测限低，基本可到达 10×10^{-12}；有高质量分辨率，可准确识别化学组分；坚固耐用，易于运输，便于现场或野外工作。

VOCs 主要采用在线 PTR-TOF-MS 进行定量分析，使用的分析标准物质为 PAMs 监测项目和经过筛选的企业特征污染物 4 种，共 60 种挥发性有机物标样，主要包含烷烃、烯烃和芳香烃 3 类目标污染物。除监测 VOCs 以外，还配备了 O_3、NO_x 和风速风向监测仪。

56 种非甲烷碳氢化合物的混合标气（表 4-5）用零空气配 3 个浓度，再通原气共做 4 个浓度梯度，对单一标气（表 4-6）利用零空气配 5 个浓度，标气和零空气分别通过质量流量计进行限流，利用三通阀连接后进入 PTR-TOF-MS 的样气进口，通过调节标气连接质量流量计出口的流量改变配气的浓度。由于仪器的进样口流量为 130 mL/min，多余的气体则由样气出口连接到通风橱排出。标气所配的浓度梯度见表 4-5、表 4-6。

表 4-5 56 种混合标气配气浓度

物质	标气体积/mL	零空气体积/L	配气浓度/10^{-6}
56 种物质混合标气	20	1.1	0.017 8
	20	0.2	0.090 5
	40	0.18	0.182

表 4-6 单一物质配气浓度

样气体积/mL	零空气体积/L	丙烯腈/10^{-6}	正丁醇/10^{-6}	甲醇/10^{-6}	1,3-丁二烯/10^{-6}
20	5	0.044	0.049	0.067	0.044
40		0.088	0.097	0.133	0.087
80		0.175	0.192	0.263	0.173
160		0.344	0.389	0.518	0.341
320		0.668	0.734	1.005	0.662

④质量控制和质量保证。

采样时确保苏玛罐的真空度；气袋样品采集全部使用新的气袋，采样时先清洗采样袋 2～3 次，采样进气口位置靠近排放管道中心位置，采样管长度符合要求。采样泵的抽气能力能够克服烟道以及采样系统的阻力，体积小、便携、有一定的防爆功能。

为了减小气体样品在不锈钢采样罐和采样袋内的吸附转化损失，采集完成的样品当天即会送到实验室，在室内阴凉干燥处进行保存，样品的运输过程避免阳光暴晒，运输温度为常温，由于采集一次样品量比较大，尽量在 24 h 内进行分析。为确保监测数据的准确性，监测前用 PAMs 标准混合气和华元公司的单一标准气体做仪器校准，采用五点校准法，校准时相关系数均在 0.99 以上。PAMs 标准混合气含 56 种体积分数为 10^{-6} 的气体组分。为保证数据的有效性，执行了严格的质量保证/质量控制措施，每次实验室分析前都要对仪器使用标准气体进行单点校准和峰坐标漂移校准。所有的样品在进行标准样品分析之后和样品分析之前，进行零空气空白分析，测定结果显示各目标物的浓度均低于方法检测限，确保没有被测目标物驻留在分析系统，质量控制指标符合要求。

4.1.3 道路移动源

（1）排放因子的测量。

基于平均速度的排放因子是通过对大量台架和底盘测功机测试、隧道测试、车载测试和路边采样测试数据的积累、整理和分析，得到的不同车型规格、燃料类型、排放标准的单车排放因子。

为了使排放因子能够更加准确地反映本地城市机动车的排放特征，需要对机动车排放因子进行本地化修正。本项目通过前期调研，选取排放比例较大的小型客车、轻型货车、重型货车、公交车作为代表性车辆，开展台架测试、隧道测试、车载测试、路边采样测试。包括依据不同的排放测试法规，收集不同载荷、加减速等不同工况下的台架测试数据。此外，依据研究初期对天津市道路状况、车型分布、行驶工况等资料的调研结果，确定天津市市区代表性车辆的类型和行驶路线，进行实际道路排放测试，收集车辆行驶过程中的实时排放数据。

①台架测试。

从 20 世纪 50 年代起，美国、瑞典、德国等发达国家就开始对机动车尾气排放测试进行探索研究。主要利用实验室内台架测试收集机动车尾气排放的污染物，即在发动机台架上根据标准的行驶周期模拟汽车实际行驶条件并对其排放的污染物进行取样与检测。在已发表的机动车尾气颗粒物成分谱报道中，常见的测试程序包括：美国联邦测试程序（FTP）、附加联邦测试规程（SFTP）、简易工况循环（IM240）和新欧洲驾驶循环（NEDC）、欧盟经济委员会制定的模态工况（ECE）、密闭室蒸发排放测试（SHED）等以及日本的冷启动 11 工况、热启动 10-15 工况。我国标准测试程序包括对发动机进行测试的稳态 13 工况循环 ESC（GB 17691—2005）和瞬态工况循环 ETC，以及对最大总质量不超过 3 500 kg 的车辆进行整车测试的 15 工况法等（GB 18352.3—2005）。

相对于发动机台架测试，底盘测功机主要针对轻型机动车测量，其主要部分包括道路模拟系统、功率吸收装置、惯性模拟系统、测功系统和排放测量设备，同时还必须具有准确反映汽车实际行驶特征的行驶循环，该测试方法所使用的测试程序与发动机台架测试相同，并且比发动机台架具有更好的实际道路条件模拟准确性。底盘测功机最初主要是用于整车动力性、燃料经济性和整车装配检验设备，随着汽车排放污染问题的日益加剧，开始应用于机动车整车排放测试。

②隧道测试。

隧道测试是国外应用广泛的机动车排放模型性能的评估方法。20 世纪 70 年代起，美国学者利用公路隧道开展了汽车尾气污染物排放的监测。满足一定条件的公路隧道可以被看作是一个控制汽车尾气扩散的特殊“容器”，其作用与使用定容采样的方法在实验室内监测相类似。早期的隧道测试的研究主要是利用质量平衡模型推算出多种机动车组成的车队排放特征。

本研究中，在隧道两端内部同侧，距隧道口 10 m 处，安装法国 ESA 公司生产的 CO、SO_2 和 NO、NO_2、NO_x 连续自动监测仪、摄像机、三杯风向风速仪和温湿度计等，监测污染物浓度、机动车种类和数量、车速、风速风向和温度湿度。采用流量为 16.7 L/min 的 $PM_{2.5}$ 采样器采集颗粒物。CO、SO_2 和 NO-NO_2-NO_x 仪器每 1 min 采集 1 次数据，机动车的类型、流量、车速为每 1 min 采集 1 次数据，$PM_{2.5}$ 为每 2 h 采集一次数据，气象参数则每 1 h 采集 1 次数据。全部样品采集时间为 4 d。使用电子天平称重法测量颗粒物中的 $PM_{2.5}$。

通过隧道的汽车尾气污染物的平均排放因子（EF）可以用式（4-4）计算。

$$\mathrm{EF}=\frac{C_{\mathrm{out}}V_{\mathrm{out}}-C_{\mathrm{in}}V_{\mathrm{in}}}{L\times N} \tag{4-4}$$

式中：EF——平均排放因子，mg/（km·辆）；

C_{out}——隧道出口处污染物浓度，mg/m^3；

C_{in}——入口处污染物浓度，mg/m^3；

V_{out}——出口处空气流通体积，m^3；

V_{in}——入口处空气流通体积，m^3；

L——隧道长度，km；

N——采样期间通过隧道的车辆数，辆。

隧道测试结果见表 4-7。

表 4-7 隧道机动车尾气排放因子 单位：g/（km・辆）

	CO	NO_x	HC	$PM_{2.5}$
轻型载客汽车	0.881	0.017	—	0.003
公交车	5.014	8.270	—	0.097

③车载测试。

车载测试是利用便携式排放测试系统（PEMS）直接安置在实际道路行驶中的车辆内，逐秒采集机动车行驶参数和污染物排放浓度，为机动车尾气排放特征的分析提供可靠的数据。车载排放测试设备最初是由 1998 年美国国家环保局（EPA）的实时车载排放分析（ROVER）发展而来的，通过多年的发展，PEMS 技术得到了较快的完善，在气态污染物的测量上已经基本成熟。在颗粒物测量方面，由于受技术水平的制约，目前在车载颗粒物检测方面的研究处于发展阶段，有待进一步深入研究。美国加州大学河滨分校工程环境研究和技术中心（CE-CERT）的研究人员采用自行研制的"移动实验室"对重型卡车进行了 PM、OC、EC、PAHs 的 4 工况 CARB-HHDDT 循环排放和成分谱的研究。

轻型货车：应用 SEMTECH-DS 车载排放测试仪对车辆在实际道路上的气态污染物（CO、NO_x和 HC）排放进行测试，利用低压电子冲击器（ELPI） 实时监测 PM 排放浓度，车辆的行驶速度及位置采用 GPS 测量。测试车辆共 4 辆，包括 2 辆国四和 2 辆国三排放标准的轻型载货车，燃油为天津市售柴油。轻型载货车的测试行驶路线涵盖了城区环路（快速路）、主干道、次干道和支路。测试结果见表 4-8。

表 4-8 轻型载货汽车尾气排放因子 单位：g /（km·辆）

	CO	NO_x	HC	$PM_{2.5}$
国三	2.770	3.701	0.348	0.280
国四	1.076	1.921	0.242	0.124

大型客车（公交）：应用 SEMTECH-DS 车载排放测试仪对车辆在实际道路上的气态污染物（CO、NO_x和 HC）排放进行测试，利用低压电子冲击器（ELPI）

实时监测 PM 排放浓度，车辆的行驶速度及位置采用 GPS 测量。测试车辆共 6 辆，包括 2 辆国四、2 辆国三和 2 辆国二排放标准的大型客车，燃油为天津市售柴油。测试行驶路线涵盖了城区环路、主干道、次干道和支路。测试结果见表 4-9。

表 4-9 大型客车尾气排放因子 单位：g/（km·辆）

	CO	NO_x	HC	$PM_{2.5}$
国二	8.419	6.551	0.145	3.039
国三	4.895	10.066	0.407	1.590
国四	3.966	10.404	0.239	0.080

④路边采样测试。

路边采样通常选择在机动车排放影响最显著的道路旁进行大气颗粒物的采集。由于此方式是在开放式环境条件下进行，易受到其他源类（如地壳物质）和背景值的干扰，因此这种方式直接采集到的颗粒物并不能完全代表机动车尾气排放的颗粒物，一般在数据处理中需要扣除背景值和其他源的干扰。然而由于此测试方法简单方便，容易实施，国内外研究学者已经开展较多的路边采样测试。

4.2 排放因子改进

4.2.1 溶剂使用源

溶剂使用环节生产单位数量的产品排放到大气中的 VOCs 数量，主要受该环节生产的产品结构类型、产品中 VOCs 的含量以及与该环节生产相关部门企业末端控制治理技术的应用情况等因素影响。由于我国的 VOCs 行业治理刚刚起步，除了石油炼制和石油化工等 VOCs 污染治理率较高的行业外，大部分 VOCs 排放行业污染治理率仍很低或者尾气几乎未加处理直接排放，因此在估算该类源 VOCs 排放量时，给出的排放因子往往没有考虑末端控制治理效率，为控制前的排放因子信息。由于不同的生产工艺、管理水平对于 VOCs 排放影响很大，而对于排放因子的选取，我国目前尚未开展权威性、大范围的系统性排放因子测量，加之有机溶剂类使用源，很多行业多为散逸性无组织排放，源排放 VOCs 采样监测方法仍然不太成熟，通过大量的本地化监测数据来研究本地化排放因子短期内难以实现，而少量样本的监测数据又不具备代表性，因此本次清单编制过程中，在进行排放因子选择时，以现有查阅文献资料为主。

综合考虑天津市的实际情况和排放因子对应的活动水平数据可获取性，本清单编制中的溶剂使用源排放因子选取以《“十二五”重点区域大气联防联控规划编制培训—VOCs 排放清单和治理技术培训》资料中的数据为主，以环境保护部发布的《大气挥发性有机物排放清单编制技术指南》的排放因子为补充，此外对于上述文件中没有涉及的源类 VOCs 排放因子，主要参考陈颖等（2009）的《我国工业源 VOCs 排放的源头追踪和行业特征研究》和我国台湾地区的《公私场所固定污染源申报空气污染防治费之挥发性有机物之行业制程排放系数》等研究成果综合确定，上述排放因子也是研究者在参考了美国和欧盟等地的 VOCs 排放因子基础上，结合大量的企业调研、监测数据，综合考虑得到，具有较为广泛的代表性，也较为符合天津市目前的实际情况。具体情况见表 4-10。

表 4-10 主要工业溶剂使用源排放因子

行业代码	行业名称	SCC 编码	排放因子	排放因子单位	对应活动水平
17**	纺织业	1411000001	0.01	t/万 t	纱产量
		1411000002	0.22	t/万 m	纱产量
		1411200000	0.098	t/t 染料	染料助剂/染料使用量
19**	皮革、毛皮、羽毛及其制品	1412000000	0.166 9	t/t 毛皮制品	毛皮、羽毛及其制品
		1412100000	0.245	t/t 溶剂	干法工艺溶剂使用量
		1412200000	0.245	t/t 溶剂	湿法工艺溶剂使用量
		1412500000	0.007	t/t 溶剂	其他工艺溶剂使用量
	制鞋业	1413001000	0.15	t/万双鞋	鞋产量
		1413200100	0.67	t/t 胶黏剂	胶黏剂消耗量
20**	木材加工	1409001000	0.09	t/t 胶黏剂	胶黏剂消耗量
21**	家具制造	1410000000	0.725	t/t 涂料	涂料使用量

行业代码	行业名称	SCC 编码	排放因子	排放因子单位	对应活动水平
23**	包装印刷	1406001000	0.032	t/t 产品	产品产量
		1406001002	0.75	t/t 传统油墨	油墨溶剂使用量
		1406001001	0.1	t/t 新型油墨	油墨溶剂使用量
		1406100000	0.705	t/t 油墨	平版油墨溶剂消耗量
		1406200000	0.62	t/t 油墨	凹版油墨溶剂消耗量
		1406300000	0.243	t/t 油墨	凸版油墨溶剂消耗量
		1406500000	0.683	t/t 油墨	孔版油墨溶剂消耗量
		1406400000	0.683	t/t 油墨	柔版油墨溶剂消耗量
27**	医药制造	1416001000	0.372	t/t 原药产量	化学原料药产量
292*	塑料制品	1407000000	30.12	t/万 t 塑料制品	塑料制品产量
33**	金属制品	1401001000	0.55	t/t 涂料	各制品制造业的涂料使用量
34**	通用设备制造	1404001000	0.55	t/t 涂料	各制品制造业的涂料使用量
35**	专用设备制造	1405001000	0.55	t/t 涂料	各制品制造业的涂料使用量
36**	汽车制造（整车制造）	1403010000	89.5	t/万辆汽车产量	小汽车产量
	汽车制造（零部件及配件制造）	1403001000	0.55	t/t 涂料	涂料使用量
37**	铁路、船舶、航空航天和其他运输设备制造业	1403020000	8 300	t/万辆客货车产量	铁路客、货车产量
		1403040000	0.75	t/t 涂料	民用船舶（万载重吨）涂料使用量
		1403030000	2.4	t/万辆摩托车	摩托车产量
		1403050000	1.2	t/万辆自行车	自行车产量
38**	电气机械和器材制造业	1402001000	0.55	t/t 涂料	涂料使用量
39**	计算机、通信和其他电子设备制造业	1414001000	0.525	t/t 涂料	涂料使用量
40**	仪器仪表制造业	1429000000	0.55	t/t 涂料	涂料使用量

4.2.2 扬尘源

（1）土壤扬尘源。

土壤扬尘是指直接来源于裸露地面（如农田、荒地、裸露山体、滩涂、干涸的河谷、未硬化或绿化的空地等）的颗粒物在自然力或人力的作用下形成的扬尘。土壤扬尘的排放源分为农田、荒地、裸露山体、滩涂、干涸的河谷、未硬化或绿化的空地等 6 种土地利用类型，作为土壤扬尘的第一级分类。农田指经开垦耕种的土地；荒地指可供开发利用和建设而尚未开发利用和建设的一切土地，主要包括宜农、宜林和宜牧荒地等；裸露山体指在工程开发建设过程中及滑坡、崩塌等自然灾害对自然山体破坏而导致的山体裸露，以边坡裸露、水土流失严重、土壤贫瘠等为特征的山体；滩涂是海滩、河滩和湖滩的总称，包括沿海大潮高潮位与低潮位之间的潮浸地带、河流湖泊正常水位至洪水位间的滩地、时令湖、河洪水位以下的滩地、水库、坑塘的正常蓄水位与最大洪水位间的滩地等多种类型；干涸的河谷指干涸的河道；未硬化或绿化的空地指未进行绿化或者硬化处理的可以使用的、未被占用的土地。

不同地区、不同的土地利用类型，地表特征差异很大，从而影响土壤扬尘起尘率。这些影响土壤扬尘起尘率的因素包括土壤机械组成、植被覆盖因子、地面粗糙因子、无屏蔽宽度因子以及产生的颗粒物粒径分布等，统称起尘因子，为土壤扬尘源的第二级分类。

土壤是由大小不同的土粒按不同的比例组合而成的，这些不同的粒级混合在一起表现出的土壤粗细状况，称为土壤机械组成或土壤质地，影响着土壤水分、空气和热量运动，还影响土壤结构类型。土壤的机械组成决定了土壤风蚀指数，土壤的机械组成分为三部分：第一部分是粒径大于 0.80 mm 的粗砂和石砾，属于直接不易被风力吹扬部分；第二部分是粒径小于 0.01 mm 的物理性黏粒，它作为土壤胶结物常黏合其他单个土粒，形成团粒和土块，是间接的不易被风力吹扬部分；介于两种粒径之间的纯净沙粒（粒径小于 0.80 mm 而大于 0.01 mm）处在干燥状态下时最易被风吹起，形成风沙现象。

植被覆盖地表可以降低迎面风速，保护土壤颗粒不被分散，并能截留已被吹动的土粒，对土壤扬尘排放起到了抑制作用。植被覆盖因子指裸露地表面积与地表总面积的比值，用以描述地表的植被覆盖程度，当地表完全裸露时，植被覆盖因子取 1。

地表粗糙度反映地表对风速减弱作用以及对风沙活动的影响，一般定义为地表基本单元的曲面面积与投影面积之比。其大小取决于地表粗糙元的性质及流经地表的流体的性质，粗糙度反映了地表抗风蚀的能力，提高地表粗糙度可以有效地防止风蚀的发生。类似植被覆盖因子取值方式，当地表粗糙时，地表粗糙因子取 0.5；当地表光滑时，取 1。

研究区域的树木、建筑类等高大的屏障物对风速可以起到降低作用，从而影响土壤扬尘的产生量。无屏蔽区域宽度因子由地面的风无阻碍通行距离决定。当地面的风无阻碍通行距离≤300 m 时，无屏蔽宽度因子取 0.7，无阻碍通行距离≥600 m 时，取 1.0，无阻碍通行距离在 300～600 m 时，取 0.85。不同土壤类型产生的颗粒物粒径分布有明显差异，土壤扬尘源产生的颗粒物粒径分布可以通过实测获得。

对土壤扬尘源采取的绿化工程、保护性耕作等防治措施直接影响植被覆盖因子、地表粗糙度以及无屏蔽宽度因子等的取值。

目前用于对土壤扬尘排放量进行估计的方法主要分为排放因子法和现场实测法。其中，现场实测法在大尺度范围内的可行性、适用性较差，因而本研究不采用该方法。对于排放因子法，其排放因子的获取方法一般包括污染源实测法、检索排放因子数据库法和模拟测定法。污染源实测法是指实际测试或收集他人实测的有效数据，如基于实测排放因子估算法、上下风向法等；检索排放因子数据库法是指在排放因子库中查找相近生产技术与排放水平的排放因子，排放因子数据库以大量排放源测试数据为基础建立，可选用的排放因子数据库有《空气污染物排放因子汇编》（AP-42）；模拟测定法采用实验的方法进行扬尘排放因子的测定，比如风洞实验。在实际应用时，还需要对结果进行调整和验证。此外，无论是污染源实测法还是模拟测定法，都不适用于区域等大尺度范围，且在研究中难以对土壤扬尘进行实时监测。在现有的方法中，美国国家环保局（USEPA）提供的《空气污染物排放因子汇编》（AP-42）是适用性最高的方法。《空气污染物排放因子汇编》（AP-42）适合于估算开放源类的排放量，其扬尘量估算公式是基于大量排放测试的回归分析而得出的经验公式。

土壤扬尘排放量的计算公式见式（4-5）～式（4-8）。

$$W_{\mathrm{S}i} = E_{\mathrm{S}i} \times A_{\mathrm{S}} \tag{4-5}$$

$$E_{\mathrm{S}i} = D_i \times C \times (1-\eta) \times 10^{-4} \tag{4-6}$$

$$D_i = k_i \times I_{\mathrm{we}} \times f \times L \times V \tag{4-7}$$

$$C = 0.504 \times u^3 / \mathrm{PE}^2 \tag{4-8}$$

式中：$W_{\mathrm{S}i}$——土壤扬尘中 PM_i（空气动力学粒径在 0～i μm 间的颗粒物，下同）总排放量，t/a；

$E_{\mathrm{S}i}$——土壤扬尘源的 PM_i 排放系数，t/（$\mathrm{m}^2 \cdot \mathrm{a}$）；

A_{S}——土壤扬尘源的面积，m^2；

D_i——PM_i 的起尘因子，t/（$10^4\mathrm{m}^2 \cdot \mathrm{a}$）；

C——气候因子，表征气象因素对土壤扬尘的影响，量纲一；

η——污染控制技术对城市扬尘的去除效率，%；农田中对颗粒物的控制效率见表 4-11，多种措施同时开展的，取控制效率最大值；

k_i——PM_i 在土壤扬尘中的所占比例，量纲一，推荐值 TSP 为 1、PM_{10} 为 0.30、$\mathrm{PM}_{2.5}$ 为 0.05；需实地测量，具体监测方法见《扬尘源颗粒物排放清单编制技术指南》；

I_{we}——土壤风蚀指数，t/（$10^4\mathrm{m}^2 \cdot \mathrm{a}$），主要土壤类型的风蚀指数推荐值见表 4-12，其他类型土壤的风蚀指数可以选择质地接近的土壤类型代替或者进行实地测量获得；

f——地面粗糙因子，量纲一，反映风与地表之间的摩擦力大小，对于光滑的地表，f 取 1，对于粗糙的地表，f 取 0.5；

L——无屏蔽宽度因子，即没有明显的阻挡物（如建筑物或者高大的树木）的最大范围，量纲一。当无障碍通行距离≤300 m 时，L=0.7；当无障碍通行距离在 300～600 m 时，L=0.85；当无障碍通行距离≥600 m 时，L=1.0；

V——植被覆盖因子，量纲一，指裸露土壤面积占总计算面积的比例，计算公式见式（4-9）。

$$V=\text{裸露土壤面积/总计算面积} \tag{4-9}$$

u——年平均风速，m/s；

PE——桑氏威特降水-蒸发指数，计算公式见式（4-10）、式（4-11）。

$$\mathrm{PE}=100\times(p/E^{*}) \tag{4-10}$$

$$E^{*}=[0.5949+(0.1189\times T_{\mathrm{a}})]\times 91 \tag{4-11}$$

式中：p——年降水量，mm；

E^{*}——潜在蒸发量，mm；

T_{a}——年平均温度，℃。

表 4-11　农田风蚀扬尘控制措施的控制效率　　单位：%

控制措施	TSP 控制效率	PM_{10} 控制效率	$PM_{2.5}$ 控制效率
人造防风屏障	75	63	52
作物覆盖	90	90	75
地面覆盖	36	30	25
建设防风林	30	25	21

表 4-12　土壤风蚀指数

土壤质地主类	细类	土壤风蚀指数/[t/（$10^4\ m^2 \cdot a$）]	TSP 比例/%
砂土	砂土	544	0.9
	壤质砂土	331	1.0
壤土	壤土	138	6.6
	砂质壤土	213	2.1
	砂质黏壤土	138	6.6
	粉砂质壤土	116	4.1
	黏壤土	116	2.5
	粉砂质黏壤土	94	4.1
	粉土	94	0.8
黏土	黏土	213	0.8
	粉砂质黏土	213	0.8
	砂质黏土	138	1.0

（2）道路扬尘源。

道路扬尘是指道路积尘在一定动力条件（风力、机动车碾压、人群活动等）作用下进入环境空气中形成的扬尘。道路扬尘源第一级分类依据道路表面铺装情况分为铺装道路和未铺装道路，两者的排放特征差别较大，需要选用不同的计算方法。道路扬尘源第二级分类按照使用对象和地理位置分为城市道路、公路、工业区道路、林区道路和乡村道路等 5 个类型，其中城市道路又细分为快速路、主干道、次干道和支路 4 个小类，不同使用类型道路上的机动车种类、车速和载重均有明显差异。基于这两方面的信息，对道路扬尘源进行第一级、第二级分类，选择排放因子、排放量的计算方法。道路清扫、洒水等控制措施对道路扬尘具有一定的降低作用，为道路扬尘源的第三级分类。

目前道路扬尘排放量的估计方法主要分为排放因子法和现场实测法，其中现场实测法在大尺度范围内的可行性、适用性较差，因而本研究不采用。对于排放因子法，其排放因子的获取方法一般包括污染源实测法、检索排放因子数据库法、模拟测定法。污染源实测法是指实际测试或收集他人实测的有效数据，如基于实测排放因子估算法、上下风向法等；检索排放因子数据库法是指在排放因子库中查找相近生产技术与排放水平的排放因子，排放因子数据库以大量排放源测试数据为基础建立，可选用的排放因子数据库有《空气污染物排放因子汇编》（AP-42）；模拟测定法采用实验的方法进行城市各类扬尘排放因子的测定，比如室内模拟方法。无论是污染源实测法还是模拟测定法，其安全性或可行性差导致其适用性差，且不适用于区域等大尺度范围，同时研究中难以对道路扬尘进行实时监测。因而本项目采用 AP-42 方法对道路扬尘排放情况进行研究。

道路扬尘量等于调查区域所有铺装道路与非铺装道路扬尘量的总和。每条道路的扬尘排放量的计算公式如式（4-12）所示。

$$W_{Ri} = E_{Ri} \times L_R \times N_R \times (1 - \frac{n_r}{365}) \times 10^{-6} \tag{4-12}$$

式中：W_{Ri}——道路扬尘源中颗粒物 PM_i 的总排放量，t/a；

E_{Ri}——道路扬尘源中 PM_i 平均排放系数，g/（km·辆）；

L_R——道路长度，km；

N_R——一定时期内车辆在该段道路上的平均车流量，辆/a；

n_r——不起尘天数，通过实测（统计降水造成的路面潮湿的天数）得到；在实测过程中存在困难的，可使用 1 年中降水量大于 0.254 mm/d 的天数表示。

对于铺装道路，道路扬尘排放系数计算公式如式（4-13）所示。

$$E_{Pi} = k_i \times (sL)^{0.91} \times W^{1.02} \times (1-\eta) \qquad (4\text{-}13)$$

式中：E_{Pi}——铺装道路的扬尘中 PM_i 排放系数，g/VKT（指每辆车行驶 1 km 排放颗粒物的量），即 g/（km·辆）；

k_i——产生的扬尘中 PM_i 的粒度乘数，量纲一，推荐使用实测值；不具备实测条件的，取表 4-13 中的数值；

sL——道路积尘负荷，kg/m^2；具体监测方法见《防治城市扬尘污染技术规范》（HJ/T 393—2007）中的附录 B；

W——平均车重，t。平均车重表示通过某等级道路所有车辆的平均重量。通过典型道路现场调查或交通管理部门调研得到各车型的车重信息，计算出各等级道路的平均车重；

η——污染控制技术对扬尘的去除效率，%。表 4-14 是常用的铺装道路扬尘控制措施的控制效率，其他控制措施的控制效率可选用与表 4-14 中类似的措施效率替代。多种措施同时开展的，取控制效率最大值。

表 4-13　铺装道路产生的颗粒物的粒度乘数　单位：量纲一

颗粒物分类	$PM_{2.5}$	PM_{10}	PM_{30}
粒度乘数	0.15	0.62	3.23

表 4-14　铺装道路扬尘源控制措施的控制效率　单位：%

控制措施	控制对象	TSP 控制效率	PM_{10} 控制效率	$PM_{2.5}$ 控制效率
洒水 2 次/d	所有铺装道路	66	55	46
喷洒抑尘剂	城市道路	48	40	30

控制措施	控制对象	TSP 控制效率	PM_{10} 控制效率	$PM_{2.5}$ 控制效率
吸尘清扫（未安装真空装置）	支路	8	7	6
	干道	13	11	9
吸尘清扫（安装真空装置）	支路	19	16	13
	干道	31	26	22

（3）施工扬尘源。

施工扬尘源分为城市市政基础设施建设、建筑物建造与拆迁、设备安装工程及装饰修缮工程等 4 类施工场所和施工过程，为施工扬尘源的第一级分类。

市政基础设施包括交通系统（道路、桥梁、隧道、地下通道、天桥等）、供电系统、燃气系统、给排水系统、通信系统、供热系统、防洪系统、污水处理厂、垃圾填埋场等及其附属设施。建筑物建造与拆迁包括居住建筑、公共建筑、工业建筑和农业建筑的新建、改造、搬迁。设备安装工程包括大型设备安装工程、石化类设备安装工程、公共建筑类设备安装工程、冷冻站设备安装工程、医院类设备安装工程、厂房类设备安装工程及地铁类设备安装工程等。装饰修缮工程包括建筑与装饰修缮工程（适用于房屋建筑的结构、屋面防水及装修面的修缮）、安装修缮工程（适用于房屋建筑内的水电、通风空调等的维修）以及市政修缮工程（适用于市政路面及管道的修缮）。上述 4 类施工扬尘源的起尘环节包括地面清理、打孔、爆破、开挖、过筛、研磨、粉碎、材料运输、装卸材料、动土操作、工地机动车行驶及尾气排放等。

施工扬尘源第二级分类按照施工阶段划分，包括土方开挖、地基建设、土方回填、主体建设和装饰装修等 5 个阶段。

施工扬尘源第三级分类是施工扬尘源的控制措施，对施工扬尘源采取的各类控制措施效果显著。

施工扬尘排放量计算方法有现场实测法和排放因子法，其中排放因子法主要有污染源实测法、检索排放因子数据库法和模拟测定法。施工扬尘排放因子的获取方法主要是降尘监测法、上下风向法、美国 AP-42 方法和模拟测定法。模拟测定法主要有两种：①田刚等（2009）建立的一种与美国国家环境保护局推荐的暴露高度浓度剖面法类似、应用实测数据计算施工扬尘排放量的数学模型——四维通量法模型；②赵普生等（2009）基于现有开放源排放研究成果和施工现场扬尘排放特点的施工扬尘排放因子模型。降尘监测法、上下风向法和模拟测定法，缺点是要开展相应的实验，从而获取相关参数，优点是能较好地体现本地的扬尘排放特征。美国 AP-42 方法简单易行，适用于区域与城市尺度的扬尘计算，在相关研究中得到了广泛应用。

施工扬尘中颗粒物排放量的总体计算公式如下：

$$W_{Ci} = E_{Ci} \times A_C \times T \tag{4-14}$$

$$E_{Ci} = 2.69 \times 10^{-4} \times (1-\eta) \tag{4-15}$$

式中：W_{Ci}——施工扬尘源中 PM_i 总排放量，t/a；

E_{Ci}——整个施工工地 PM_i 的平均排放系数，t/（m^2·月）；

A_C——施工区域面积，m^2；

T——工地的施工活跃月份数，按施工天数/30 计算，月/a；

η——污染控制技术对扬尘的去除效率，%。各类控制措施的控制效率见表 4-15、表 4-16。

该公式适用于总体估算整个建筑施工区域的排放总量，TSP、PM_{10} 和 $PM_{2.5}$ 排放量根据施工积尘的粒径分布情况估算获得，参考粒径系数：TSP 为 1、PM_{10} 为 0.49、$PM_{2.5}$ 为 0.1。

表 4-15　施工扬尘高端控制措施控制效率　　单位：%

扬尘控制技术	适用扬尘污染源	TSP 控制效率	PM_{10} 控制效率	$PM_{2.5}$ 控制效率	备注
洗轮机	出口路段运输扬尘	100	90	75	全自动洗车装置
路面铺装和洒水	工地内运输扬尘	96	80	67	铺装混凝土，洒水强度（W）=0.6 mm/h
洒水	地面操作扬尘	84	70	58	专用车高压喷雾，物料润湿（10%）
防尘网	高空操作扬尘	24	20	17	尼龙塑胶网网径 0.5 mm，网距 3 mm
覆盖防尘布或化学抑尘剂	风蚀扬尘	32	26.7	22	高强度纤维织布密闭覆盖
围挡	围挡内的施工扬尘	18	15	13	2.4 m 硬质围挡

表 4-16 施工扬尘普通控制措施控制效率 单位：%

扬尘控制技术	适用扬尘污染源	TSP 控制效率	PM_{10} 控制效率	$PM_{2.5}$ 控制效率	使用说明
洗轮机	出口路段运输扬尘	60	50	42	简易高压洗车池
路面铺装和洒水	工地内运输扬尘	96	80	67	铺装混凝土，洒水强度（W）=0.4 mm/h
洒水	地面操作扬尘	36	30	25	雨天操作，物料润湿（10%）
防尘网	高空操作扬尘	12	10	8	尼龙塑胶网网径 1 mm，网距 5 mm
覆盖防尘布或化学抑尘剂	风蚀扬尘	20	17	14	尼龙塑胶网网径 1 mm，网距 5 mm
围挡	围挡内的施工扬尘	12	10	8	1.8 m 硬质围挡

（4）堆场扬尘。

在城市地区，有各种类型和规模的堆场。首先按照堆放物料种类进行第一级分类，主要有各种工业原料堆（如煤堆、砂石堆以及矿石堆等）、建筑原料堆（如沙石、水泥、石灰等）、工业固体废弃物（如冶炼渣、化工渣、燃煤灰渣、废矿石、尾矿和其他工业固体废物）、建筑渣土及垃圾、生活垃圾等。在对堆场进行物料装卸、输送等操作过程的扬撒作用下和后续堆积存放期间在风蚀作用下均会产生扬尘，两阶段扬尘产生量的影响因素不同，其估算方法也不同，基于不同的操作阶段进行第二级分类。此外，采石、采矿等场所和活动中产生的扬尘也归为堆场扬尘。装卸、运输过程的颗粒物排放情况受到物料的含水率、产生的颗粒物的粒度乘数和风速大小的影响，而风蚀过程主要受到后两种因素的影响。对堆场扬尘采取的控制措施作为第三级分类，可采取的控制措施有密闭存储、密闭作业、喷淋、覆盖、防风围挡、硬化稳定、绿化、开展废物综合利用等。

堆场扬尘排放量计算研究较早，目前有以下几种方法：①早期应用较多的是煤场道路运输、装卸和风蚀过程中扬尘颗粒物排放量的计算。这种方法仅适用于单个堆场扬尘量的计算，不适用于计算区域性堆场扬尘颗粒物排放；②采用未铺砌地面的颗粒物散发量经验公式进行计算，该方法可以计算单辆车引起的煤堆场起尘量排放因子和 1 年中单位长度道路的起尘量，缺点是需要测定一些参数，该方法也不适用于城市或区域尺度的堆场扬尘排放量计算；③采用美国国家环境保护局的 AP-42 中的经验公式进行计算，该方法简单易行，在相关研究中得到广泛应用。因此本研究采用美国《空气污染物排放因子汇编》（AP-42）中的经验估算公式进行计算。

堆场的扬尘排放量是装卸、运输引起的扬尘与堆积存放期间风蚀扬尘的加和，计算公式如式（4-16）所示。

$$W_{\mathrm{Y}} = \sum_{i=1}^{m} E_{\mathrm{h}} \times G_{\mathrm{Y}i} \times 10^{-3} + E_{\mathrm{w}} \times A_{\mathrm{Y}} \times 10^{-6} \tag{4-16}$$

式中：W_{Y}——堆场扬尘源中颗粒物总排放量，t；

E_{h}——堆场扬尘的装卸运输过程的颗粒物排放系数，kg/t，其估算公式见式（4-17）；

m——料堆物料装卸总次数，量纲一；

$G_{\mathrm{Y}i}$——第 i 次装卸过程的物料装卸量，t；

E_{w}——料堆受到风蚀作用的颗粒物排放系数，$\mathrm{g/m^2}$；

A_{Y}——料堆表面积，$\mathrm{m^2}$。

装卸、运输物料过程扬尘排放系数的估算方法见式（4-17）。

$$E_{\mathrm{h}} = k \times 0.0016 \times \frac{\left(\frac{u}{2.2}\right)^{1.3}}{\left(\frac{M}{2}\right)^{1.4}} \times (1-\eta) \tag{4-17}$$

式中：E_{h}——堆场装卸扬尘的排放系数，kg/t；

k——物料的粒度乘数，量纲一，见表 4-17；

u——地面平均风速，m/s；

M——物料含水率，推荐实测，方法同道路尘含水率测定方法，条件不具备的，可参考表 4-18；

η——污染控制技术对城市扬尘的去除效率，%，各控制措施的效率见表 4-19；

0.0016——单位转换系数，$\mathrm{kg \cdot s^{1.3}/(t \cdot m^{1.3})}$。

地面平均风速是通过文献《近 50 年中国地面气候变化基本特征》（任国玉等，2005）中的估算公式计算，并参照网页 weather history 中天津市的平均风速得到。

表 4-17 装卸过程中产生的颗粒物的粒度乘数 单位：量纲一

颗粒物分类	TSP	PM_{10}	$PM_{2.5}$
粒度乘数	0.74	0.35	0.053

表 4-18 各种行业堆场物料的典型尘积负荷和含水率

行业	材料	尘积负荷/%	物料含水率/%
钢铁冶炼	球团矿	4.3	2.2
	块矿	9.5	5.4
	煤炭	4.6	4.8
	炉渣	5.3	0.92
	烟道灰	13	7
	碎焦炭	4.9	7.8
	混合矿石	15	6.6
	烧结矿	0.7	—
	石灰岩	1.0	0.2
采石加工	陈年石灰石	1.6	0.7
	各种石灰石产品	3.9	2.1
铁燧石采集与加工	芯球	3.4	0.9
	尾矿	11	0.4
煤炭露天开采	煤炭	6.2	6.9
	表土	7.5	—
	接触地面	15	3.4
燃煤电厂	煤炭	2.2	4.5
城市固体垃圾填埋场	沙地	2.6	7.4
	炉渣	3.8	3.6
	掩盖物	9.0	12
	黏土/泥土混合	9.2	14
	黏土	6.0	10
	飞灰	80	27
	混杂填充材料	12	11

表 4-19　堆场操作扬尘控制措施的控制效率　单位：%

控制措施	TSP 控制效率	PM_{10} 控制效率	$PM_{2.5}$ 控制效率
输送点位连续洒水操作	74	62	52
建筑料堆的三边用孔隙率50%的围挡遮围	90	75	63
刮风时手工洒水或者遮盖	100	90	75

堆场风蚀扬尘排放系数的计算方法如下。

料堆表面遭受风扰动后引起颗粒物排放的排放系数可以用式（4-18）～式（4-20）计算。

$$E_{\mathrm{w}} = k \times \sum_{i=1}^{n} P_i \times (1-\eta) \tag{4-18}$$

$$u^* > u_{\mathrm{t}}^* \text{时，} P_i = 58 \times (u^* - u_{\mathrm{t}}^*)^2 + 25 \times (u^* - u_{\mathrm{t}}^*) \tag{4-19}$$

$$u^* \leqslant u_{\mathrm{t}}^* \quad \text{时，} P_i = 0 \tag{4-20}$$

式中：E_{W}——堆场风蚀扬尘的排放系数，g/m^2；

k——物料的粒度乘数，量纲一，TSP、PM_{10}、$PM_{2.5}$ 对应的 k 值参考值分别是 1.0、0.5、0.2；有条件的城市可根据文献调研法组织实测，对该值进行修正；

n——料堆每年受扰动的次数，量纲一；

P_i——第 i 次扰动中观测的最大风速的风蚀潜势，g/m^2；

η——污染控制技术对城市扬尘的去除效率，%；已有研究得到的 TSP、PM_{10}、$PM_{2.5}$ 控制措施的效率见表 4-20；有条件城市可进行实测计算获得；

u^*——摩擦风速，m/s；

u_{t}^*——阈值摩擦风速，即起尘的临界摩擦风速，m/s；实测获取，条件不具备的，可参考表 4-21；

58、25——单位转换系数，$g \cdot s^2/m^4$。

$$z>z_0\text{时，}u^* = 0.4u(z)/\ln\left(\frac{z}{z_0}\right) \tag{4-21}$$

$$u(z) = U_s/U_r \times U_{10+} \tag{4-22}$$

式中：$u(z)$——地面风速，m/s；

z——地面风速检测高度，m。

z_0——地面粗糙度，即风速谱图中风速为 0 的高度，m；城市取值 0.6 m，郊区取值 0.2 m；

0.4——冯卡门常数，量纲一；

U_{10+}——地面高度 10 m 处实测风速，m/s；

U_s/U_r——堆场归一化表面风速，量纲一。

参考文献《中国北方地面起尘总量分布》（宣捷，2000）中地面风速检测高度为 25 m。

不同的堆场形态有不同的子表面风速，根据具体情况，其值为 0.2 m/s、0.6 m/s、0.9 m/s。子表面风速为 0.2 m/s 和 0.6 m/s 时对应的摩擦风速没有 1 个超过阈值风速 0.55 m/s，因此这两种情况均不发生风蚀扬尘，其风蚀潜势为 0，故本研究中 U_s/U_r 的值为 0.9。

U_{10+}参考文献《料堆风蚀扬尘排放量的一个估算方法》（谢绍东和乔丽，2004）中 10 次料堆扰动地面风速的平均值为 7 m/s。

表 4-20　堆场风蚀扬尘控制措施的控制效率　　单位：%

料堆性质	控制措施	TSP 控制效率	PM_{10} 控制效率	$PM_{2.5}$ 控制效率
矿料堆	定期洒水	51.7	48.5	40
	化学覆盖剂	87.9	85.6	71
煤堆	定期洒水	61.0	59.3	49
	化学覆盖剂	85.7	84.6	71
建筑料堆	编织布覆盖	77.6	76.3	64

表 4-21　阈值摩擦风速　单位：m/s

堆场材料	阈值摩擦风速
表面煤堆[a]	1.02
铁渣、矿渣（路基材料）[a]	1.33
地面煤堆[a]	0.55
没有被覆盖的煤堆[a]	1.12
煤堆刮板或铲土机轨道[a,b]	0.62
煤粉尘堆[c]	0.54

表中：a——露天煤矿；b——轻度覆盖；c——电厂。

4.2.3　存储运输源

（1）加油站。

加油站正常作业的 VOCs 主要产生于储罐呼吸、装卸和加油 3 个环节。根据清华大学沈旻嘉、郝吉明等（2006）开展的调查研究（《中国加油站 VOC 排放污染现状及控制》），在未进行第一阶段、第二阶段油气回收改造前，加油站最大的损失来源于加油过程和卸油过程的油气挥发损失，储油罐的呼吸损失很少，汽油类三者损失分别为 2.49 kg/t、2.3 kg/t、0.16 kg/t，合计为 4.95 kg/t，柴油类加油过程和卸油过程损失分别为 0.048 kg/t、0.027 kg/t，呼吸损失可忽略不计，合计为 0.075 kg/t，进行第一阶段油气回收改造后，来自卸油过程的油气挥发损失大幅减少，汽油减少为 0.115 kg/t，柴油减少为 0.001 35 kg/t。根据天津市实际情况，2014 年天津市所有加油站均已完成第一阶段油气回收改造，因此本次加油站清单编制使用已进行第一阶段油气回收改造后的排放因子，分别为汽油 2.76 kg/t，柴油 0.049 kg/t，具体见表 4-22。

表 4-22 加油站 VOCs 排放因子 单位：kg/t

油品种类	活动过程	排放因子	
		未进行第一阶段油气回收改造	已进行第一阶段油气回收改造
汽油	储油罐呼吸损失	0.16	0.16
	加油过程的挥发排放	2.49	2.49
	卸油过程的损失	2.3	0.115
	总计	4.95	2.76
柴油	储油罐呼吸损失	—	—
	加油过程的挥发排放	0.048	0.048
	卸油过程的损失	0.027	0.001 35
	总计	0.075	0.049

4.2.4 生物质燃烧源

排放系数为单位干生物质燃烧的大气污染物排放量（单位为 g/kg）。具体来说，生物质锅炉排放系数为燃用单位成型生物质燃料的大气污染物排放量，户用生物质炉具排放系数为燃用单位干生物质燃料（如秸秆、薪柴等）的大气污染物排放量，森林火灾的排放系数为森林火灾或草原火灾中消耗的单位干生物量的大气污染物排放量，秸秆露天焚烧的排放系数为露天焚烧单位干物质的大气污染物排放量。

生物质燃烧排放系数的获取方法包括现场实测法和文献调研法。排放系数获取方法优先采用污染源实测法，如缺少可靠的实测数据，则采用文献调研法。

实测法是指对污染源开展测试，获取实际条件下的排放系数。实测法的优点是能够反映污染源的实际排放情况，获取的排放系数准确度高；缺点是工作量大，需要的人力和成本较高。有条件的地区可对当地典型生物质燃烧开展实际排放系数（和污染控制设施去除率）的测试。文献调研法是指收集整理文献中报道的排放系数，并用于排放量计算的方法。

本次清单编制工作主要采用操作方便、适用性强的文献调研法，针对本清单涉及的户用生物质炉具、生物质开放燃烧等主要几类生物质燃烧源，收集、整理了国内外相关文献中的排放系数，以用于污染物排放量计算。

其中，户用生物质炉具、生物质开放燃烧关于 SO_2、NO_x、NH_3、CO、VOCs、PM_{10}、$PM_{2.5}$ 等 7 类污染物的排放系数采用环境保护部发布、经过专家论证的《生物质燃烧源大气污染物排放清单编制指南（试行）》中的推荐值。生物质炉具中 SO_2、NO_x、NH_3、CO、VOCs、PM_{10}、$PM_{2.5}$ 等 7 类污染物的排放系数详细取值见表 4-23。

关于生物质炉具中的 OC、EC 排放系数，国内目前与之相关的排放特征测试较少，而其中清华大学环境学院李兴华（2007）、Wang 等（2009）所做的实测工作是目前较为系统完善的。其选取我国农村家庭典型炉灶，选择我国农村应用广泛的秸秆和薪柴作为燃料，其中秸秆选取了玉米秸秆、小麦秸秆、水稻秸秆、高粱秸秆等 4 类主要的农作物秸秆。系统测试了户用生物质炉具排放的各类污染物和颗粒物排放系数，其中包括颗粒物的碳质组分（OC、EC）。与国内外其他的研究成果进行比较，该项研究更加符合我国实际情况，更具系统性、准确性、权威性，因此本次清单编制采用该项研究的实测结果作为户用生物质炉具 OC、EC 的排放系数。户用生物质炉具中秸秆燃烧产生 PM 的排放系数，采用朱松丽（2004）的研究成果，薪柴采用 Bhattacharya 等（2000）的研究成果。我国之前关于生物质燃烧源排放清单的研究中，曾广泛采用这两个数值，具有一定的认可度。户用生物质炉具的排放系数详细取值见表 4-23。

表 4-23　户用生物质炉具排放系数汇总　　单位：g/kg

项目	SO_2	NO_x	NH_3	CO	VOCs	PM	PM_{10}	$PM_{2.5}$	EC	OC
玉米秸秆	1.33	0.83	0.68	56.60	7.34	10.92	7.39	6.87	1.12	1.21
小麦秸秆	2.36	0.51	0.37	171.70	9.37	13.10	8.86	8.24	0.89	1.64
水稻秸秆	0.48	0.43	0.52	67.70	8.40	10.17	6.88	6.40	0.98	1.31
其他秸秆	1.36	0.72	0.52	85.20	7.97	11.37	7.69	7.15	1.11	1.57
薪柴	0.40	0.97	1.30	29.0	3.13	10.00	3.48	3.24	1.80	1.50

关于生物质开放燃烧过程中产生 PM、OC、EC 的排放系数，与户用生物质炉具的情况类似，目前国内与之相关的排放特征研究测试也较少，Li 等（2007）在近年来对国内生物质燃烧清单编制的编制过程中大量采用 Andreae 等（2001）

的实测值。这些参数与李兴华（2007）在山东德州农村现场对秸秆露天焚烧产生污染物的实测结果也较为接近，因此对我国华北地区秸秆露天焚烧排放污染物的排放因子具有一定的代表性。目前国内缺乏森林火灾的相关排放系数数据，因此本清单森林火灾的 OC、EC、PM 等排放系数同样选自 Andreae 等（2001）关于生物质燃烧排放系数的研究成果，详细取值见表 4-24。

表 4-24 生物质开放燃烧排放系数

单位：g/kg

项目	SO_2	NO_x	NH_3	CO	VOCs	PM	PM_{10}	$PM_{2.5}$	EC	OC
玉米秸秆	0.44	4.30	0.68	53.0	10.40	19.18	11.95	11.71	0.35	3.94
小麦秸秆	0.85	3.31	0.37	59.60	7.48	12.41	7.73	7.58	0.49	2.69
水稻秸秆	0.53	1.42	0.53	27.70	8.45	9.28	5.78	5.67	0.49	3.3
其他秸秆	0.53	2.92	0.53	49.90	8.45	11.13	6.93	6.79	0.8	2.3
森林火灾	1.00	3.00	2.90	107.0	5.70	17.60	13.27	13.00	0.56	9.15

4.3 借鉴环境保护部清单指南

4.3.1 溶剂使用源

清单编制中使用的生活类非工业溶剂使用源排放因子参考环境保护部发布的《大气挥发性有机物排放清单编制技术指南》，具体取值见表 4-25。

表 4-25 生活类非工业溶剂使用源排放因子

源类	SCC	排放因子	排放因子单位	对应活动水平
生活溶剂使用	1434000000	0.144	kg/（人·a）	人口数

4.3.2 非道路移动源

（1）飞机。

民航飞机的排放因子是指单位起飞着陆循环（Landing Take-off Cycle，LTO）

或单位燃油消耗量的大气污染排放量。参考环境保护部《非道路移动源大气污染物排放清单编制技术指南（试行）》，民航飞机排放因子如表 4-26 所示。

表 4-26　基于 LTO 方法的民航飞机排放因子　单位：kg/LTO

污染物类别	CO	HC	NO_x	$PM_{2.5}$	PM_{10}
民航飞机排放因子	9.14	2.68	16.29	0.53	0.54

（2）铁路。

根据《非道路移动源大气污染物排放清单编制技术指南（试行）》提供的参考数据，结合国内部分学者提供的数据，确定天津地区铁路内燃机车的排放因子如表 4-27 所示。

表 4-27　铁路内燃机车排放因子单位　单位：g/kg

污染物类别	CO	NO_x	HC	$PM_{2.5}$	PM_{10}
内燃机排放因子	6.2	54.92	3.11	1.62	2.44

4.3.3　餐饮源

餐饮源中各污染物的排放因子参考使用国家大气污染物排放源清单编制技术指南，如表 4-28 所示。

表 4-28　餐饮油烟排放系数　单位：mg/m^3

污染物类别	VOCs	$PM_{2.5}$	PM_{10}	BC	OC
餐饮源	5.60	6.40	8	0.13	4.48

4.3.4　废弃物处理源

废弃物处理源污染物核算过程中，排放因子主要参考了《大气氨源排放清单编制技术指南（试行）》《大气挥发性有机物源排放清单编制技术指南（试行）》

《大气可吸入颗粒物一次源排放清单编制技术指南（试行）》《大气细颗粒物一次源排放清单编制技术指南（试行）》。

4.4 借鉴科研文献

4.4.1 非道路移动源

（1）船舶。

排放因子主要获取方式分为实际测试与文献调研。船舶排放因子主要依据文献查阅，总结得出。

①近海及远洋船舶。

根据美国国家环境保护局排放清单报告（USEPA，2000）中的研究成果，按船舶航行各个过程的平均速度或基于相似类型和船舶大小等信息，由内插法计算，分吨位确定，具体数值见表 4-29。

表 4-29　近海及远洋船舶排放因子　单位：g/kg

污染物类别 / 指标类型	PM_{10}	$PM_{2.5}$	NO_x	SO_2	CO	HC
散货	2.3	2.1	38.9	30.6	7.4	3.9
集装箱船	2.3	2.1	42.9	30.7	8.8	1.9
其他货船	2.2	2.0	50.5	32.9	7.4	3.9
非运输船	2.2	2.0	48.0	32.2	6.9	3.5

注：取 $PM_{2.5}$ 和 PM_{10} 质量比为 0.92 进行估算 $PM_{2.5}$ 排放因子。

②内河船舶。

由于内河客运船舶数量少，运行时间短，耗油量相对极少，因此，其污染物排放量相对较少。排放清单采用燃油消耗法计算（Yang et al.，2007），其排放因子如表 4-30 所示。

表 4-30　内河船舶排放因子　单位：g/kg

区域 \ 污染物类别	SO_2	NO_x	CO	PM_{10}	$PM_{2.5}$	HC
内河	30	55	8.94	1.1	1.0	4.52

③渔船。

分为海洋捕捞渔船、内陆捕捞渔船和养殖渔船，排放清单采用燃油消耗法（USEPA，2007）计算，其排放因子如 4-31 所示。

表 4-31　渔船的排放因子　单位：g/kg

区域 \ 污染物类别	SO_2*	NO_x	CO	PM_{10}	$PM_{2.5}$	HC
内河	30	46.3	8.8	2.4	2.2	4.6
沿海	30	60.1	7.0	2.4	2.2	3.2

*SO_2 排放因子采用物料衡算法估算得到，燃油含硫率取 1.5%。

（2）非道路移动机械。

①排放因子的选取原则及确定情况。

a. 选取原则。排放因子即排放系数，指单位活动水平下大气污染物的排放量。活动水平数据充足时，对于拖拉机等农用运输车辆，选取其单位行驶里程下的排放系数作为排放因子，对于装载机等具有运行外其他功能的非道路移动机械，取其单位时间输出单位功率时的排放系数作为排放因子。当活动水平数据仅为燃油消耗量时，取消耗单位燃油的排放系数作为排放因子。对于 SO_2，排放因子即为燃油含硫量。

在排放因子数据的选取上，以文献调研为主。非道路移动机械的排放因子通过查阅政府、协会的统计数据和检索相关非道路移动机械排放清单文献资料获得。根据天津市的非道路移动机械活动水平统计资料，优先选取《非道路移动源大气污染物排放清单编制技术指南（试行）》（环境保护部，2014）排放因子数据，数据不足处以京津冀地区排放清单、珠三角地区和国外的资料补足。

b. 排放因子确定情况。因活动水平、保有量和实测数据的不足，仅能以燃油消耗量作为活动水平。其排放因子值见 4-32。对于 SO_2，排放因子即为燃油含硫量，依据《非道路移动源大气污染物排放清单编制技术指南（试行）》，柴油含硫量取 0.35 g/kg。

表 4-32　非道路移动机械平均排放系数　　单位：g/kg

分类	NO_x	HC	CO	PM_{10}	$PM_{2.5}$
工程机械	32.79	3.39	10.72	2.09	2.09
农业机械	35.04	3.37	10.94	1.74	1.74

②本地化排放因子及成分谱建立的方法、过程、结果、质保/质控情况。

通过查阅政府、协会的相关标准和检索相关非道路移动机械排放清单文献资料，并依据所得到的资料，选取合适的排放因子建立本地化的天津市非道路移动机械排放因子数据库，见表 4-33、表 4-34。

表 4-33　基于燃油消耗的天津市非道路移动机械排放因子数据库　　单位：g/kg

分类			CO	HC	NO_x	PM_{10}	$PM_{2.5}$
建筑工程机械	挖掘	挖掘机	11.66①	3.31①	31.09①	6.3③	3.02②
	铲土运输	推土机	41.56③	3.39⑤	28.74③	6.3③	1.09③
		装载机（轮式）	17.41①	7.61①	83.38①	6.3③	1.242②
	工业车辆	叉车	41.56③	3.39⑤	28.74③	6.3③	1.09③
	路面与压实	压路机	41.56③	3.39⑤	28.74③	6.3③	1.09③
		摊铺机	41.56③	3.39⑤	28.74③	6.3③	1.09③
		平地机	41.56③	3.39⑤	28.74③	6.3③	1.09③
	工程机械综合排放因子		10.72⑤	3.39⑤	32.79⑤	2.09⑤	2.09⑤
农业机械	拖拉机	大中型拖拉机	28.9③	3.37⑤	52.55④	3.63④	1.09③
		小型拖拉机	28.9③	3.37⑤	52.3④	4.87④	1.09③
	排灌	柴油排灌机械	28.9③	3.37⑤	48.3④	3.9④	1.09③
	种植业	联合收割机	28.9③	3.37⑤	48.3④	3.9④	1.09③
	农用运输车	农用运输车	23.33③	3.37⑤	50.93④	4.48④	1.09③
	农业机械综合排放因子		10.94⑤	3.37⑤	35.04⑤	1.74⑤	1.74⑤
小型通用机械	手持	油锯（二冲程）	620.79⑤	242.2⑤	2.77⑤	3.76⑤	3.76⑤
	非手持	草坪机（四冲程）	770.37⑤	17.6⑤	7.12⑤	0.16⑤	0.16⑤
柴油发电机组			10.72⑤	3.39⑤	32.79⑤	2.09⑤	2.09⑤

注：① Fu et al.，2012.

② 曲亮等，2015.

③ 隗潇，2013.

④ 金陶胜等，2014.

⑤《非道路移动源大气污染物排放清单编制技术指南（试行）》的推荐值. 经过调查油锯大部分为二冲程，草坪机大部分为四冲程。

表 4-34 基于做功的天津市非道路移动机械排放因子数据库[①] 单位：g/（kW·h）

功率分级/kW	排放阶段	CO	HC	NO_x	PM_{10}	$PM_{2.5}$
$G<37$	国一前	6.50	1.30	10.50	1.20	1.14
	国一	6.50	1.30	10.50	1.00	0.95
	国二	6.50	1.30	7.50	0.95	0.90
$37<G<75$	国一前	6.50	1.30	10.50	1.00	0.95
	国一	6.50	1.30	9.20	0.85	0.81
	国二	5.00	1.30	7.00	0.40	0.38
$75<G<130$	国一前	5.00	1.30	10.00	0.80	0.76
	国一	5.00	1.30	9.20	0.70	0.67
	国二	5.00	1.00	6.00	0.30	0.29
$G>130$	国一前	5.00	1.30	10.00	0.70	0.67
	国一	5.00	1.30	9.20	0.54	0.51
	国二	3.50	1.00	6.00	0.20	0.19

注：①《非道路移动源大气污染物排放清单编制技术指南（试行)》的推荐值。

由于缺乏天津本地的实测数据，非道路移动机械的排放因子数据来源于政府标准与相关文献，因此与天津本地情况存在偏差。又由于非道路移动机械数量大，种类多，使用环境复杂，所以在机龄、功率、所用燃油油品及含硫量上差异巨大。但是，因调查统计数据的不足，各标准及文献上对排放因子在机龄、功率上的分类笼统，且未考虑劣质燃油对排放因子的影响，因此其排放因子只能是精度较差的综合排放因子，所以代表性不够，在污染物排放量的计算上存在较大的不确定性。除此之外，由于进口非道路移动机械尤其是进口挖掘机中二手设备占有较大比例，而因子库未对这部分设备的排放因子做单独考虑，也造成了一定的误差。这些因素均造成了本排放因子在计算中的不确定性。

4.4.2 天然源

Guenther 等（1991）较早地开展了天然源 VOCs 排放的相关研究。目前，很多国内的研究在使用叶面积指数时，基本上都是基于 Asner 等（2003）的研究成果。因此，本研究通过查阅相关文献，估算天津市各类型植被的叶面积指数。

对于叶生物量密度，冯宗炜等（1999）总结大量实际调查资料，给出了我国47种典型森林类型的群落生物量、乔木层生物量以及各种典型树种叶生物量的相对生长关系，较好地反映了我国各类型森林生态系统生物量和生产力的实际情况。方精云等（1996）对我国各种草地、灌木、农作物的生物量进行了比较系统的总结。本研究基于以上实测研究结果，参考全国、北京市、珠江三角洲地区和重庆市主城区的叶生物量密度研究结果，综合考虑气候条件相似性等因素，确定本研究使用的叶生物量密度。

对于植被类型的 VOCs 标准排放因子，通常采用分档方法处理以保证取值的合理性。即在计算过程中，先以通过文献获得的国内部分树种的 VOCs 标准排放因子和世界各地各种植物的 VOCs 标准排放因子实测值为基础，根据天津市森林资源调查中各植被类型植物所占比例进行加权平均，然后将加权平均值与 VOCs 标准排放因子的分档值进行比较，取数值最接近的分档值为该植被类型的 VOCs 标准排放因子。对异戊二烯的排放分为 0.1 μg/（g·h）、1.0 μg/（g·h）、6.0 μg/（g·h）、8.0 μg/（g·h）、34.0 μg/（g·h）、60 μg/（g·h）、0 μg/（g·h）（以 C 计）6 档取值；对单萜烯的排放分为 0.1 μg/（g·h）、0.2 μg/（g·h）、0.65 μg/（g·h）、1.5 μg/（g·h）、3.0 μg/（g·h）（以 C 计）5 档取值；对有林地 VOCs 排放，一律取 1.5 μg/（g·h）（以 C 计）。排放系数则由叶生物量密度和排放因子来估算。结果见表 4-35。

表 4-35 叶面积指数、叶生物量密度和排放系数的设置

土地利用	叶面积指数（LAI）	叶生物量密度（LMD）/（g/m^2）	异戊二烯/[μg/（m^2·h）]	单萜烯/[μg/（m^2·h）]	其他 VOCs/[μg/（m^2·h）]
水田	4	500	50	50	150
旱地	4	740	74	74	14.8
有林地	5	785	1 570	1 177.5	1 177.5
疏林地	4	31	3.1	3.1	55.8
其他林地	5	650	650	422.5	1105
高覆盖草地	2.5	105	52.5	21	63

土地利用	叶面积指数（LAI）	叶生物量密度（LMD）/（g/m^2）	异戊二烯/[μg/（m^2·h）]	单萜烯/[μg/（m^2·h）]	其他 VOCs/[μg/（m^2·h）]
中覆盖草地	2	95	38	14.25	47.5
低覆盖草地	2	90	27	9	36
水域	0	0	3.1	3.1	55.8
城乡工矿居民	2	31	3.1	3.1	55.8
未利用土地	1.3	31	3.1	3.1	55.8

4.4.3　存储运输源

主要参考美国《空气污染物排放因子汇编》（AP-42）中有机溶剂存储源的计算方法，将有机储罐分为固定顶罐和浮顶罐通过公式模型法进行有机液体储罐 VOCs 无组织排放量的计算。

第 5 章　大气污染源空间排放核算表征技术

5.1　大气污染源空间信息获取

基于实地调查获取大气污染源活动水平过程中，确定大气污染源的空间信息是非常重要的一项内容。在小尺度区域上，可以在调查过程中随身携带一套与调查区域相匹配的影像图，在调查污染源活动水平的过程中，也把污染源的空间位置或空间范围标识出来；并在随后的数据整理过程中，把影像图上标识的空间信息整理进入 Google Earth 软件中，并依据调查表上的内容，一一整理各个污染源对应的活动水平数据。如此，就可以在小尺度区域内，精确地定位所有大气污染源的空间位置和范围以及相应的污染源信息（见图 5-1）。

（a）影像图

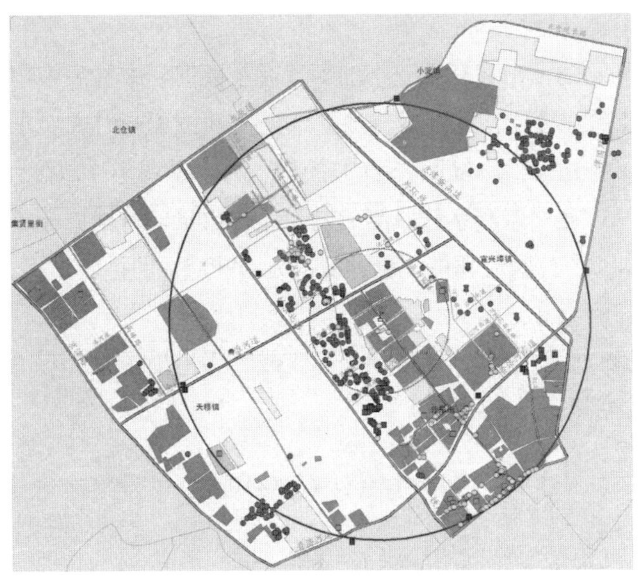

（b）污染源空间分布图

图 5-1　由影像图到污染源空间分布图

5.2　大气污染源空间分布表征

将 Google Earth 中的污染源导入 ArcGIS 软件中，在 ArcGIS 中，将污染源活动水平库与相应的污染源连接在一起，组成具有空间信息的大气污染源活动水平库。然后，依据污染源的特征，对小尺度区域内大气污染源的空间分布进行表征。

5.3　排放量核算

5.3.1　固定燃烧源

固定燃烧源污染物排放量核算方法包括在线监测、手工监测、排放因子法、物料衡算法 4 种方法。在缺乏在线监测和手工监测数据的情况下，则采用排放因子法和物料衡算法进行排放量估算。

（1）在线监测法。

根据实时测定的正常运行工况下的烟气流量数据、大气污染物（烟尘、SO_2、NO_x）折算排放浓度数据计算实时排放量数据，并按不同时间要求累计计算得到污染源大气污染物（烟尘、SO_2、NO_x）的日、月、季或年排放量。

由于烟气排放连续监测系统监测的是烟尘排放量，可根据在线监测烟尘排放量和 PM_{10}、$PM_{2.5}$ 占总颗粒物的比例计算 PM_{10}、$PM_{2.5}$ 的排放量。

①排放量计算公式。

根据实时跟踪监测数据计算得到的烟气或气态污染物（SO_2、NO_x）的排放量按式（5-1）计算。

$$G = Q \times C \times T \times 10^{-6} \tag{5-1}$$

式中：G——烟气中某污染物的排放量，kg；

Q——单位时间废气的排放量，m^3/h，标准状态下；

C——某污染物的折算浓度，mg/m^3，标准状态下；

T——污染物排放时间，h。

②年排放量计算方法。

烟尘或气态污染物（SO_2、NO_x）日、月或年排放量按式（5-2）～式（5-4）计算。

$$G_d = \sum_{i=1}^{24} G_{h_i} \times 10^{-3} \tag{5-2}$$

$$G_m = \sum_{i=1}^{31} G_{d_i} \tag{5-3}$$

$$G_y = \sum_{i=1}^{12} G_{m_i} \tag{5-4}$$

式中：G_d——烟尘或气态污染物日排放量，t/d；

G_{h_i}——该天中第 i 小时烟尘或气态污染物排放量，kg/h，小时值应为整点 1 h 内不少于 45 min 的有效数据的算术平均值；

G_{d_i}——该月中第 i 天的烟尘或气态污染物排放量，t/d，日均值应为 1 d 内不少于锅炉运行时间（按小时计）75%有效小时均值的算术平均值；

G_{m_i}——第 i 月的烟尘或气态污染物排放量，t/月，月均值应为 1 月内不少于锅炉运行时间（按小时计）75%有效小时均值的算术平均值；

G_y——烟尘或气态污染物年排放量，t/a。

（2）手工监测法。

根据一定样本量的某污染物正常工况下（一般负荷要求在 75%以上）大气污染物现场实测得到的大气污染物折算排放浓度数据的算术均值（包括运行负荷、烟气含氧量、大气污染物排放浓度、烟气流量等），再乘以污染源活动水平数据（即年标态烟气量等数据）来计算大气污染物排放量，根据手工监测得到的烟尘排放量和 PM_{10}、$PM_{2.5}$ 占总颗粒物的比例计算 PM_{10}、$PM_{2.5}$ 的排放量。

排放量可通过式（5-5）计算。

$$G=Q\times C\times T\times 10^{-6} \tag{5-5}$$

式中：G——烟气中某污染物的排放量，kg；

Q——单位时间废气的排放量，m^3/h，标准状态下；

C——某污染物的折算浓度，mg/m^3，标准状态下；

T——污染物排放时间，可为小时（h）、月、季度或年（a）。

（3）排放因子法。

PM_{10} 排放量由式（5-6）计算。

$$E=A\times \mathrm{EF}\times (1-\eta) \tag{5-6}$$

式中：A——固定燃烧源第四级对应的燃料消耗量；对于点源，A 为该排放源的活动水平；对于面源，A 为清单中最小行政单元（暂定为街道或乡镇）的活动水平；

EF——一次 PM_{10} 的产生系数；

η——污染控制技术对 PM_{10} 的去除效率，%。

$PM_{2.5}$ 排放量由式（5-7）计算。

$$E=A\times \mathrm{EF}\times (1-\eta) \tag{5-7}$$

式中：A——固定燃烧源第四级对应的燃料消耗量；对于点源，A 为该排放源的活动水平；对于面源，A 为清单中最小行政单元（暂定为街道或乡镇）的活动水平；

EF——一次 $PM_{2.5}$ 的产生系数；

η——污染控制技术对 $PM_{2.5}$ 的去除效率，%。

VOCs 的排放量由式（5-8）计算。

$$E = \sum_{i,j} \mathrm{EF}_i \times Q_{i,j} \tag{5-8}$$

式中：E——VOCs 排放量；

EF——污染物排放系数；

Q——活动水平；

i——燃烧部门，分别为电力部门、供热部门、工业生产部门、民用燃烧部门；

j——燃料类型，包括煤炭、燃油、天然气等。

NO_x、SO_2、CO 排放量由式（5-9）计算。

$$E=A\times \mathrm{EF}（1-\eta） \tag{5-9}$$

式中：A——第四级排放源燃料消耗量，对于点源为排污设备活动水平，对于面源为清单中最小行政区单元活动水平；

EF——污染物产生系数；

η——污染控制技术对污染物的去除效率，%。

（4）物料衡算法。

燃煤工业锅炉及小煤炉的烟尘及 SO_2 排放量可采用物料核算法核算，需要获取燃煤收到基灰分含量、燃煤收到基硫分含量、燃煤量、除尘器除尘效率、脱硫装置脱硫效率等数据。由于物料衡算法计算得到的是烟尘排放量，可根据监测得到的烟尘排放量和 PM_{10}、$PM_{2.5}$ 占总颗粒物的比例计算 PM_{10}、$PM_{2.5}$ 的排放量。排放量计算公式如下：

①烟尘。

依据《燃煤锅炉烟尘和二氧化硫排放总量核定技术方法　物料衡算法》（HJ/T 69—2001），烟尘产污系数按以下公式计算：

$$K'_C=10\times A_{ar}\times a_{fh}/(1-0.01C_{fh}) \tag{5-10}$$

式中：K'_C——烟尘产污系数，kg/t；

A_{ar}——燃煤收到基灰分含量，%，按《煤的工业分析方法》（GB/T 212—2008）测定；

a_{fh}——烟尘中的灰量占入炉煤总灰量的重量份额，层燃炉和小煤炉取 0.1；

C_{fh}——烟尘中固定碳含量的百分数，%；层燃炉和小煤炉取 30。

依据《燃煤锅炉烟尘和二氧化硫排放总量核定技术方法　物料衡算法》（HJ/T 69—2001），烟尘排污系数按下述公式计算：

$$K_C=K'_C\times(1-0.01\eta_c) \tag{5-11}$$

式中：K_C——烟尘排污系数，kg/t；

η_c——除尘器的除尘效率，%；

依据《燃煤锅炉烟尘和二氧化硫排放总量核定技术方法　物料衡算法》（HJ/T 69—2001），烟尘排放总量计算如下：

$$G_C=B\times K_C \tag{5-12}$$

式中：G_C——烟尘月、季或年排放量，kg；

B——锅炉或小煤炉的月、季或年燃煤消耗量，t。

②SO_2。

依据《燃煤锅炉烟尘和二氧化硫排放总量核定技术方法　物料衡算法》（HJ/T 69—2001），SO_2 产污系数计算如下：

$$K'_{SO_2}=0.2\times S_{ar}\times P \tag{5-13}$$

式中：K'_{SO_2}——SO_2 产污系数，kg/t；

S_{ar}——燃煤收到基硫分含量，%，按《煤的工业分析方法》（GB/T 212—2008）测定；

P——燃煤中硫的转化率，%（一般取 80%）。

依据《燃煤锅炉烟尘和二氧化硫排放总量核定技术方法　物料衡算法》（HJ/T 69—2001），SO_2 排放系数计算如下：

$$K_{SO_2}=K'_{SO_2}\times（1-0.01\eta_{SO_2}）\tag{5-14}$$

式中：K_{SO_2}——SO_2排污系数，kg/t；

η_{SO_2}——脱硫装置的脱硫效率，%。

依据《燃煤锅炉烟尘和二氧化硫排放总量核定技术方法　物料衡算法》（HJ/T 69—2001），SO_2排放总计算如下：

$$G_{SO_2}=BK_{SO_2}\tag{5-15}$$

式中：G_{SO_2}——烟尘月、季或年排放量，kg；

B——锅炉或小煤炉月、季或年燃煤消耗量，t。

5.3.2　工艺过程源

工艺过程源涉及面广，污染物排放量大。由于原料类型和工艺技术的差别，不同的经济行业排放的大气污染物种类和排放源强度差别很大。例如，水泥、砖瓦及建筑砌块、玻璃等非金属矿物制品业，钢铁、有色金属等金属冶炼及压延加工业生产过程主要污染物排放为颗粒物；而石油炼制、有机基础原料、合成材料、医药制造业、塑料及橡胶制品等相关产业的生产过程中，主要污染物排放为VOCs。工艺过程源的污染物排放过程相当复杂，不仅与原辅材料、生产工艺、控制技术密切相关，而且同一种产品的生产过程中通常有多处排放源。

清单编制可采用排放因子法对污染物排放量进行估算，其中 PM_{10}、$PM_{2.5}$、VOCs、CO、SO_2、NO_x等污染物的排放量采用式（5-16）计算。

$$E_k=\sum_{i,j}A_{i,j}\times \mathrm{EF}_{i,j}\times(1-\eta)\times10^{-3}\tag{5-16}$$

式中：E_k——污染物 k 的排放量，kg；

i——产品类别；

j——行业/企业分类；

$A_{i,j}$——行业/企业分类 j 的第 i 种产品的产量，t；

$\mathrm{EF}_{i,j}$——行业/企业 j 的第 i 种产品产量的产生系数，kg/t；

η——对应污染控制技术的污染物去除效率，%。

5.3.3　溶剂使用源

有机溶剂使用源排放量主要使用排放因子法，结合相应的活动水平数据进行计算。该方法将人类活动程度信息，即活动水平数据（AD）与量化单位活动的排放量系数（即排放因子 EF）结合起来，采用基本方程式（5-17）进行计算。

$$E=\mathrm{AD}\times\mathrm{EF} \tag{5-17}$$

式中：E——排放量；

AD——该源的活动水平数据；

EF——活动水平数据对应的某种污染物的排放因子。

（1）工业溶剂使用源。

对于工业溶剂使用源，主要根据涂料、油墨、油漆等原辅材料消耗量和主要产品产量结合相应的排放因子估算 VOCs 排放量。估算公式见式（5-18）。

$$E_j=\sum_{i,j}A_{i,j}\times\mathrm{EF}_{i,j} \tag{5-18}$$

式中：E_j——VOCs 排放量，t；

i——原辅材料类型；

j——行业/企业类型；

$A_{i,j}$——行业/企业 j 的第 i 种原辅材料消耗量或产品产量，t；

$\mathrm{EF}_{i,j}$——行业/企业 j 的第 i 种原辅材料或产品产量的排放因子，t/t。

（2）非工业溶剂使用源。

非工业溶剂使用涉及面广，本次清单编制中主要包括家庭生活类溶剂产品使用产生的 VOCs 排放等。由于该类源使用零散、分散，大多数含 VOCs 产品的用量难以统计。其 VOCs 排放采用“自上而下”方式进行估算，如建筑涂料使用量，对于难以获取 VOCs 产品使用量的行业，采用基于人口的排放因子进行计算，估算公式见式（5-19）。

$$E=\sum_{i}A\times\mathrm{EF}_i \tag{5-19}$$

式中：E——VOCs 排放量，kg；

i——溶剂类型；

A——区域人口数量（人）或涂料使用量（kg）；

EF_i——基于人口的排放因子，kg/（a·人），或基于涂料使用量的排放因子，g/kg。

5.3.4 道路移动源

道路移动源排放量计算公式见式（5-20）。

$$Q_{p,i,j}=\sum_{c}EF_{p,c,v}\times VT_{c,i,j}\times L_i \tag{5-20}$$

式中：$Q_{p,i,j}$——时间段 j 内机动车污染物 p 在道路 i 的排放量，g/h；

$EF_{p,c,v}$——c 类机动车污染物 p 在速度 v 下的排放因子，g/（km·辆）；

$VT_{c,i,j}$——机动车在时间段 j 内在道路 i 的车流量，辆/h；

L_i——道路 i 的长度，km。

5.3.5 非道路移动源

（1）非道路移动机械。

SO_2 的排放量根据非道路移动源燃油中元素硫含量，采用物理衡算法进行计算，公式见式（5-21）。

$$E=2\times Y\times S\times 10^{-6} \tag{5-21}$$

式中：E——非道路移动源 SO_2 排放量，t；

Y——燃油消耗量，kg；

S——燃油硫含量，g/kg。

CO、NO_x、VOCs、PM_{10} 和 $PM_{2.5}$ 的清单计算方法依据测试非道路机械类别分成两个方法。

①农业机械。

由于农业机械缺乏详细的生产日期资料，且燃油消耗量数据齐全，因此基于其燃油消耗量进行排放清单的计算。其排放量的计算公式见式（5-22）。

$$E = Y \times \mathrm{EF} \times 10^{-6} \tag{5-22}$$

式中：E——CO、VOCs、NO_x、PM_{10}和$PM_{2.5}$的排放量，t；

Y——燃油消耗量，kg；

EF——排放系数（指单位燃油消耗量或净功率的大气污染物排放量），g/kg。

②工程机械。

依据保有量和额定净功率计算的方法是三个方法中最复杂也是精度最高的方法，由于已知非道路移动机械的保有量、负载因子（发动机实际运转时的净功率与额定净功率的比值）及活动水平（指一定时间范围内以及在界定地区里，与某项大气污染物排放相关的生产或消费活动的量，如年均使用小时数、年均行驶里程等），达到了使用此法的条件，所以使用基于保有量和额定净功率的方法计算工程机械的污染物排放清单。计算公式见式（5-23）。

$$E = \sum_j \sum_k \sum_n \left(P_{j,k,n} \times G_{j,k,n} \times \mathrm{LF}_{j,k,n} \times \mathrm{hr}_{j,k,n} \times \mathrm{EF}_{j,k,n} \right) \times 10^{-6} \tag{5-23}$$

式中：E——CO、VOCs、NO_x、PM_{10}和$PM_{2.5}$的排放量，t；

j——非道路移动机械的类别（二级分类）；

k——排放阶段（四级分类）；

n——功率段（三级分类）；

P——保有量，辆；

G——平均额定功率，kW/辆；

LF——负载因子，量纲一；

hr——年均使用小时数（某类非道路移动源在调查目标年使用小时数的平均值），h；

EF——污染物排放系数，g/（kW·h）。

（2）船舶。

船舶源清单模型有多种，其计算方法、选择参数各有不同，按照所基于的数据库，参考环境保护部《非道路移动源大气污染物排放清单编制技术指南（试行）》清单编制方法，选用基于燃油消耗量的排放因子法。

①内河及沿海船舶。

基于船舶的燃料消耗统计，根据统计数据得到各类型船舶的燃料消耗水平，同时假定发动机设备保持在正常工作状态，获取某一类型船舶的平均排放因子，然后将燃料消耗量乘以平均排放因子得到船舶排放总量。研究基于燃油消耗的计算方法见式（5-24）。

$$E_p=\mathrm{EF}\times C_\mathrm{f} \tag{5-24}$$

式中：E_p——某种污染物排放量，t/a；

p——污染物种类；

EF——该污染物的排放因子，g/L；

C_f——燃油消耗量，10^6 L/a。

$$C_\mathrm{f}=（P_\mathrm{f}+N_\mathrm{f}\times W_\mathrm{a}）\times R_\mathrm{f} \tag{5-25}$$

式中：C_f——燃油消耗量，t；

P_f——港口货物吞吐量，t；

N_f——旅客周转量，10^4 人·km；

W_a——公民平均体重，取公民平均体重为 65 kg；

R_f——单位周转量的能耗，kg/（10^4 t·km）。

船舶 SO_2 排放的估算采用物料衡算法，估算方法见式（5-26）。

$$E=2C_\mathrm{f}\times S \tag{5-26}$$

式中：E——污染物的排放量，kg；

C_f——总燃油消耗量，kg；

S——燃油的含硫率。

②渔船。

由于渔船与其他类型船舶的活动特征差异明显，基于燃油消耗量的排放因子法进行估算，公式见式（5-27）。

$$E_{i,j,n,m}=\mathrm{EF}_{i,j,n,m}\times \sum R_{i,j,n}\times 10^{-3} \tag{5-27}$$

式中：i、j、n、m——船舶类型、功率、作业方式和污染物种类；

$E_{i,j,n,m}$——功率 j 的第 i 类渔船在第 n 种作业方式下排放的 m 类污染物总量，t/a；

$R_{i,j,n}$——功率 j 的第 i 类渔船在第 n 种作业方式下的耗油量，t/a；

$\mathrm{EF}_{i,j,n,m}$——对应的排放因子，kg/t。

（3）民航飞机。

根据环境保护部《非道路移动源大气污染物排放清单编制技术指南（试行）》，对于民航飞机，大气污染物排放量计算方法见式（5-28）。

$$E = C_{\mathrm{LTO}} \times \mathrm{EF} \times 10^{-3} \tag{5-28}$$

式中：E——民航飞机的 CO、HC、NO_x、$PM_{2.5}$ 和 PM_{10} 排放量，t；

LTO——起飞着陆循环，包括起飞、爬升、进近和滑行；

C_{LTO}——民航飞机起飞着陆循环次数，次；

EF——排放系数，kg/次。

5.3.6 扬尘源

扬尘源颗粒物排放量的计算应在综合所有主要影响因素后的具体排放源层面完成。对于某个给定的最低级排放源，扬尘源颗粒物排放量由式（5-29）计算。

$$W = E \times A \times T \tag{5-29}$$

式中：W——某个给定排放源的扬尘排放量；

E——排放源对应的单位活动水平的排放系数，一般为单位时间单位面积（道路扬尘源为单位道路长度）的扬尘源颗粒物排放量；

A——扬尘源的活动水平因子；

T——活动时间跨度。

（1）土壤扬尘。

土壤扬尘源排放量的计算公式如式（5-30）～式（5-33）。

$$W_{\mathrm{S}i} = E_{\mathrm{S}i} \times A_{\mathrm{S}} \tag{5-30}$$

$$E_{\mathrm{S}i} = D_i \times C \times (1-\eta) \times 10^{-4} \tag{5-31}$$

$$D_i = k_i \times I_{\mathrm{we}} \times f \times L \times V \tag{5-32}$$

$$C = 0.504 \times u^3 / \mathrm{PE}^2 \tag{5-33}$$

式中：$W_{\mathrm{S}i}$——土壤扬尘中 PM_i（空气动力学粒径在 0～i μm 间的颗粒物，下同）总排放量，t/a；

$E_{\mathrm{S}i}$——土壤扬尘源的 PM_i 排放系数，t/（m^2·a）；

A_{S}——土壤扬尘源的面积，m^2；

D_i——PM_i 的起尘因子，t/（$10^4\,\mathrm{m}^2$·a）；

C——气候因子，量纲一，表征气象因素对土壤扬尘的影响；

η——污染控制技术对城市扬尘的去除效率，%；

k_i——PM_i 在土壤扬尘中的含量，%；

I_{we}——土壤风蚀指数，t/（万 m^2·a）；

f——地面粗糙因子，反映风与地表之间的摩擦力大小，量纲一；

L——无屏蔽宽度因子，即没有明显的阻挡物（如建筑物或者高大的树木）的最大范围，量纲一；

V——植被覆盖因子，量纲一，指裸露土壤面积占总计算面积的比例，计算公式为裸露土壤面积/总计算面积；

u——年平均风速，m/s；

PE——桑氏威特降水-蒸发指数，量纲一，计算公式见式（5-34）、式（5-35）。

$$\mathrm{PE} = 100 \times \left(P / E^*\right) \tag{5-34}$$

$$E^* = \left[0.594\,9 + \left(0.118\,9 \times T_{\mathrm{a}}\right)\right] \times 365 \tag{5-35}$$

式中：P——年降水量，mm；

E^*——年潜在蒸发量，mm；

T_{a}——年平均温度，℃。

（2）道路扬尘。

道路扬尘源排放量等于调查区域所有铺装道路与非铺装道路扬尘量的总和。每条道路的扬尘排放量的计算公式见式（5-36）。

$$W_{\mathrm{R}i} = E_{\mathrm{R}i} \times L_{\mathrm{R}} \times N_{\mathrm{R}} \times \left(1 - \frac{n_{\mathrm{r}}}{365}\right) \times 10^{-6} \tag{5-36}$$

式中：$W_{\mathrm{R}i}$——道路扬尘源中颗粒物 PM_i 的总排放量，t/a；

$E_{\mathrm{R}i}$——道路扬尘源中 PM_i 平均排放系数，g/（km·辆）；

L_{R}——道路长度，km；

N_{R}——一定时期内车辆在该段道路上的平均车流量，辆/a；

n_{r}——不起尘天数，d。

对于铺装道路，道路扬尘排放系数计算公式见式（5-37）。

$$E_{\mathrm{P}i} = k_i \times (\mathrm{sL})^{0.91} \times W^{1.02} \times (1-\eta) \tag{5-37}$$

式中：$E_{\mathrm{P}i}$——铺装道路的扬尘中 PM_i 排放系数，g/VKT（机动车行驶 1 km 产生的颗粒物质量）；

k_i——产生的扬尘中 PM_i 的粒度乘数，量纲一；

sL——道路积尘负荷；

W——平均车重，t；

η——污染控制技术对扬尘的去除效率，%；多种措施同时开展的，取控制效率最大值。

对于未铺装道路，道路扬尘排放系数计算公式见式（5-38）。

$$E_{\mathrm{UP}i} = \frac{k_i \times (s/12) \times (v/30)^a}{(M/0.5)^b} \times (1-\eta) \tag{5-38}$$

式中：$E_{\mathrm{UP}i}$——未铺装道路扬尘中 PM_i 排放系数，g/km；

k_i——产生的扬尘中 PM_i 的粒度乘数；

a，b——粒度乘数，量纲一；

s——道路表面有效积尘率，%；

v——平均车速，km/h，指通过某等级道路所有车辆的平均车速；

M——道路积尘含水率，%；

η——污染控制技术对扬尘的去除效率，%；多种措施同时开展的，取控制效率最大值。

（3）施工扬尘。

基于整个工地的总体估算的施工扬尘源排放量计算方法见式（5-39）、式（5-40）。

$$W_{Ci} = E_{Ci} \times A_C \times T \tag{5-39}$$

$$E_{Ci} = 2.69 \times 10^{-4} \times (1-\eta) \tag{5-40}$$

式中：W_{Ci} ——施工扬尘源中 PM_i 总排放量，t；

E_{Ci} ——整个施工工地 PM_i 的平均排放系数，t/（m^2·月）；

C——施工区域面积，m^2；

T——工地的施工月份数，月；

η——污染控制技术对扬尘的去除效率，%；多种措施同时开展的，取控制效率最大值。

基于各个施工环节的建筑施工扬尘源排放量精细化计算方法见式（5-41）、式（5-42）。

$$W_{Ci} = E_{Ci} \times A_C \times t \tag{5-41}$$

$$E_{Ci} = 0.025\,34 \times D \times u^{1.983} \times M^{-1.993} \times \mathrm{sL}^{0.745} \times N^{0.684} \times (1-\eta) \times 10^{-6} \tag{5-42}$$

式中：W_{Ci}——施工扬尘源中 PM_{10} 总排放量，t；

E_{Ci}——施工扬尘源中 PM_{10} 的排放因子，t/（m^2·h）；

A_C——施工区域面积，m^2；

t——工地的施工小时数，h；

D——采样施工工地的起尘面积率，%；

u——地面 2.5 m 处的风速，m/s；

M——工地表面积尘含水率，%；

sL——工地路面尘积负荷，g/m^2；

N——建筑工地每小时运行的机动车数量，辆；

η——污染控制技术对扬尘的去除效率，%；多种措施同时开展的，取控制效率最大值。

0.025 34——单位转换系数，t • $s^{1.983}$/（h·$m^{1.238}$·$g^{0.745}$·辆 $^{0.684}$）。

（4）堆场扬尘

堆场扬尘源排放量是装卸、运输引起的扬尘与堆积存放期间风蚀扬尘的加和，计算公式见式（5-43）。

$$W_{\mathrm{Y}} = \sum_{i=1}^{m} E_{\mathrm{h}} \times G_{\mathrm{Y}i} \times 10^{-3} + E_{\mathrm{w}} \times A_{\mathrm{Y}} \times 10^{-6} \tag{5-43}$$

式中：W_{Y}——堆场扬尘源中颗粒物总排放量，t；

E_{h}——堆场扬尘的装卸运输过程的颗粒物排放系数，kg/t；

m——料堆物料装卸总次数；

$G_{\mathrm{Y}i}$——第 i 次装卸过程的物料装卸量，t；

E_{w}——料堆受到风蚀作用的颗粒物排放系数，g/m^2；

A_{Y}——料堆表面积，m^2。

装卸、运输物料过程扬尘排放系数的估算见式（5-44）。

$$E_{\mathrm{h}} = k \times 0.001\,6 \times \frac{\left(\frac{u}{2.2}\right)^{1.3}}{\left(\frac{M}{2}\right)^{1.4}} \times (1-\eta) \tag{5-44}$$

式中：E_{h}——堆场装卸扬尘的排放系数，kg/t；

k——物料的粒度乘数，量纲一；

u——地面平均风速，m/s；

M——物料含水率，%；

η——污染控制技术对城市扬尘的去除效率，%；

0.001 6——单位转换系数，kg·s$^{1.3}$/（t·m$^{1.3}$）。

料堆表面遭受风扰动后引起颗粒物排放的排放系数可以用式（5-45）、式（5-46）和式（5-47）计算。

$$E_{\mathrm{w}} = k_i \times \sum_{i=1}^{n} P_i \times (1-\eta) \times 10^{-3} \tag{5-45}$$

$$u^* > u_{\mathrm{t}}^* \text{时，} P_i = 58 \times (u^* - u_{\mathrm{t}}^*)^2 + 25 \times (u^* - u_{\mathrm{t}}^*) \tag{5-46}$$

$$u^* < u_{\mathrm{t}}^* \text{时，} P_i = 0 \tag{5-47}$$

式中：E_{w}——堆场风蚀扬尘的排放系数，g/m^2；

k——物料的粒度乘数；

n——料堆每年受扰动的次数；

P_i——第 i 次扰动中观测的最大风速的风蚀潜势，g/m^2；

η——污染控制技术对城市扬尘的去除效率，%；

u^*——摩擦风速，m/s；

u_{t}^*——阈值摩擦风速，即起尘的临界摩擦风速，m/s。

58 和 25——单位转换系数，$g\cdot s^2/m^4$。

5.3.7 存储运输源

（1）有机液体存储储罐。

正常工况下，包括石油及石油产品在内的有机液体存储储罐的 VOCs 无组织排放来自于“静置损耗”和“工作损耗”。储罐又分为固定顶罐和浮顶罐，对于固定顶罐而言，静置储存损耗是指油气的膨胀和收缩而排出的油气，这是由温度和大气压力的变化而造成的；工作损耗是指充装操作时由于罐内油品液位的增加造成的蒸发，出料时蒸发损耗是由于油品移出罐时，进入罐内的空气被有机蒸气饱和并膨胀，超过气相空间的容量造成的。

对于浮顶罐而言，静置储存损耗包括三部分：一是指边缘密封损耗，对于外浮顶罐主要是由于风导致的，内浮顶罐主要是密封材料的渗透蒸发；二是指浮盘附件损耗，包括需要在浮盘上开口的最常见的组件可能会产生蒸发损耗，如人孔、真空阀、排水管等；三是对于内浮顶罐而言的浮盘密封损耗，指如果浮盘不是焊接的，而是采用螺栓连接，会产生蒸发损耗。浮顶罐的工作损耗主要是指黏壁损耗，即当液位（即浮顶）下降时油品黏附在罐内壁和支撑柱上，裸露在空气中产生蒸发。

存储运输源污染物排放的计算可参考《空气污染物排放因子汇编》（AP-42）中有机溶剂存储源的计算方法，将有机储罐分为固定顶罐和浮顶罐通过相关公式模型法进行储罐 VOCs 无组织排放量的计算。

（2）加油站。

加油站 VOCs 排放量通过汽柴油的销售量活动水平结合汽柴油排放因子确

定，其计算公式见式（5-48）。

加油站 VOCs 排放量（g）=汽柴油排放因子（g/kg）×机动车油品销售量（kg）（5-48）

5.3.8　生物质燃烧源

对于生物质燃烧，某一种大气污染物的排放量 E_i 的计算采用式（5-49）。

$$E_i = \sum_{i,j,k,m} \left(A_{i,j,k,m} \times \mathrm{EF}_{i,j,k,m} \right) / 1\,000 \tag{5-49}$$

式中：E_i ——某一种大气污染物的排放量，t；

A——排放源活动水平，t；

EF——排放系数，g/kg；

i——某一种大气污染物；

j——地区，如省（直辖市或自治区）、市、县；

k——生物质燃烧类型（生物质锅炉、户用生物质炉具、森林火灾、草原火灾、秸秆露天焚烧）；

m——燃料/植被带/草地/秸秆类型。

对于生物质锅炉，由于其规模相对较大，可安装除尘器等污染控制设施，在这种情况下，排放系数 EF 应由式（5-50）计算得到。

$$\mathrm{EF}=\mathrm{EF}_0 \times (1-\eta) \tag{5-50}$$

式中：EF_0——污染物产生系数，g/kg；

η——污染控制设施的去除效率，%。

5.3.9　天然源

可采用 GLOBEIS 模型估算天津市天然源 VOCs 的排放量。GLOBEIS 模型的基本算法中，天然源 VOCs 分为异戊二烯（ISOP）、单萜烯（TMT）和其他 VOCs（OVC）等 3 个大类，基本估算公式见式（5-51）、式（5-52）。

$$E_{\mathrm{ISO}}=\varepsilon \cdot D \cdot \gamma_{\mathrm{p}} \cdot \gamma_{\mathrm{t}} \cdot \rho \tag{5-51}$$

$$E_{\mathrm{TMT}}\ (E_{\mathrm{OVC}}) =\varepsilon \cdot D \cdot \gamma_{\mathrm{t}} \cdot \rho \tag{5-52}$$

式中：E_{ISO}——异戊二烯排放量，μg/（m^2·h）；

E_{TMT}——单萜烯排放量，μg/（m^2·h）；

E_{OVC}——其他 VOCs 排放量，μg/（m^2·h）；

ε ——标准排放速率，μg/h；

D——叶生物量密度，g/m^2；

γ_p——光合有效辐射影响因子，量纲一；

γ_t——温度影响因子，量纲一；

ρ——逸出效率，%。

5.3.10 餐饮源

餐饮源污染物排放清单的基本估算公式见式（5-53）。

$$E_i = n \times V \times H \times (1-\eta) \times \mathrm{EF}_i \times 10^{-3} \tag{5-53}$$

式中：E_i——污染物 i 的排放量，kg；

n——炉头数，量纲一；

V——烟气排放速率，m^3/h；

H——年总经营时间，h；

EF_i——污染物 i 的排放系数，mg/m^3；

η——厨房气体油烟机的烟气去除效率，%。

5.3.11 废弃物处理源

废弃物处理源排放的 NH_3、VOCs、PM_{10}、$PM_{2.5}$ 的编制方法主要采用了排放因子法：废弃物处理源污染物排放量=废弃物处理量×排放因子。废弃物处理源的 SO_2、NO_x 采用实际排放量。

第 6 章　污染源排放清单编制技术体系案例应用

选取企业为主区域（北辰区空气站点周边）、居民为主区域（东丽区国控站点周边）、农村为主区域（西青区西青宾馆站点周边）和综合区域（宝坻区渔阳路站点周边）等不同土地利用构成区域作为示范应用区，总结天津市精细化大气污染源排放清单编制技术体系在应用过程中出现的问题，完善天津市精细化大气污染源排放清单编制技术体系。

6.1　企业为主区域

调查组（每组成员均由天津市环境监测中心、区环保局、相关街镇人员组成）于 2016 年 6 月 24 日开始对北辰区空气站点周边 3 km 范围（见图 6-1）开始调查，调查具体范围是：北至北辰道—北仓延长线，东至津围线，南至宜白路—普济河道，西至京津路。污染排放计算共涉及污染源 862 个。其中，制造业企业 346 家，锅炉 10 家，散煤使用居民区 10 个，散煤使用商铺 93 家，裸地 27 块，工业堆场 7 个，拆迁堆场 7 片，工地 16 个，道路 24 条，施工机械 4 片，餐馆 175 家，居民小区 82 个，加油站 11 个，喷涂汽修店 40 家，干洗店 10 家。涉及的污染源类别有工业生产源、锅炉、散煤、裸地、工业堆场、拆迁堆场、工地、道路扬尘、道路机动车、施工机械、餐馆、居民餐饮、居民溶剂使用、加油站、喷涂汽修店、干洗店等 16 类污染源。从这 16 类污染源入手对各个污染源的基本情况和排放情况进行一一介绍。

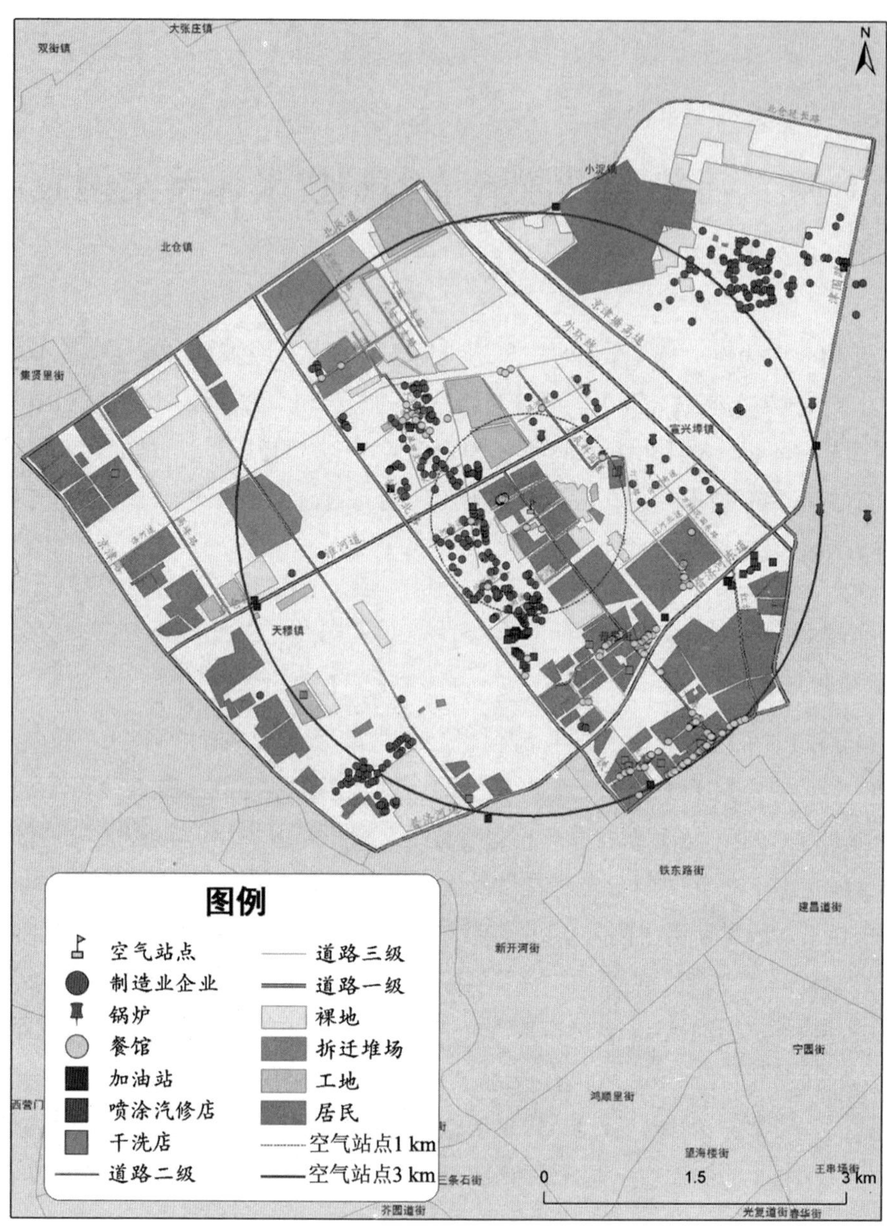

图 6-1 北辰区空气站点周边涉气污染源分布

6.1.1　工业源

（1）界定。

工业生产源主要包括工艺过程源和工业有机溶剂使用源，其中工艺过程源包括了所有在工业生产过程中，由于原料发生物理变化或化学变化，而向大气排放污染物的工业行为；工业有机溶剂使用源是指在工业生产中，使用的涂料、黏合剂、漆和清洁剂等原料造成 VOCs 大量挥发排放的污染源。工业源种类繁多、排放特征极为复杂，且一般属于无组织排放，排放点源极为分散。不同行业生产采用的原辅材料、生产工艺不同，导致其排放的污染物种类也不尽相同。本研究中，工业生产源主要指的是制造业企业。

（2）基本情况。

本次工业生产源调查主要采取抽样核查的方式开展。由于调查区域内企业数量太多，如果采用一一排查的方式进行调查，耗时、耗力，而且调查结果的精确度有限。因此，针对北辰区空气站点周边 3 km 的实际情况，调查组首先通过各街道安监部门获取企业的基本情况，然后依据企业的行业类别，对每种类别抽取 10 家左右的企业进行抽样核查。此次调查共获取 512 家企业信息，依据国民经济行业分类与代码（GB/T 4754—2011），制造业企业 349 家，交通运输仓储业 65 家，居民服务业 42 家，批发零售业 22 家，租赁和商务服务业 20 家，住宿餐饮业 10 家，建筑业 6 家，教育业 1 家。而在排放量计算中，主要涉及的是制造业企业。调查涉及的制造业企业共涉及二级分类 22 类（见图 6-2、图 6-3），其中，金属制品业 121 家，电气制造业 54 家，塑料制品业 25 家，印刷业 18 家，纸制品业 16 家，化学制品业 15 家，通用设备制造业 15 家，非金属矿物制品业 10 家，食品制造业 10 家，电子设备制造业 10 家，专用设备制造业 10 家，服装鞋帽制造业 8 家，交通运输设备制造业 8 家，医药制造业 8 家，仪器仪表制造业 7 家，农副食品加工业 4 家，纺织业 2 家，家具制造业 2 家，木材加工业 1 家，皮革制品业 1 家，橡胶制品业 1 家，饮料制造业 1 家。

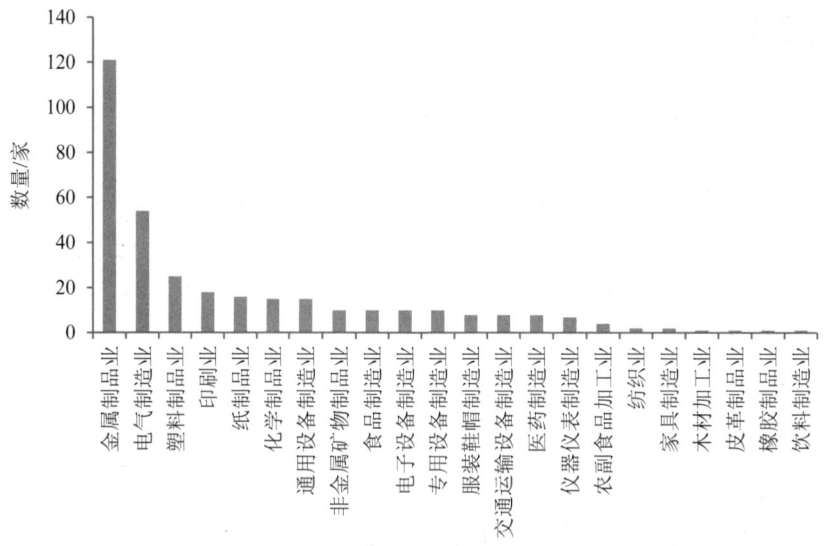

图 6-2 制造业企业行业类别分布情况

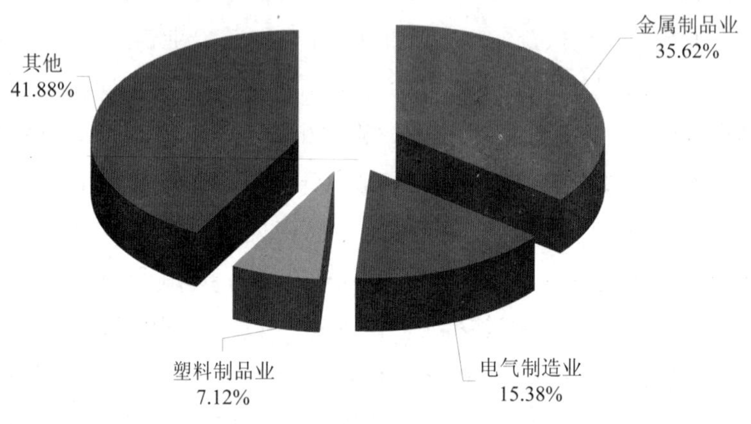

图 6-3 制造业企业行业类别占比分布

调查范围内从事金属制品制造、电气制造业、塑料制品业的企业数量占比最大，比例分别为 35.62%、15.38%、7.12%。其中，金属制品制造业主要生产活动为钢结构加工、管材加工、金属家具加工、模具加工、五金配件加工等，主要生产工艺包括机加工、焊接、喷涂等。

（3）排放清单。

经测算，北辰区调查范围内的工业生产源的 PM_{10}、$PM_{2.5}$、VOCs 年排放量分别为 14.65 t、9.88 t、149.17 t，颗粒物、VOCs 为区域内工业生产源主要排放污染物。

①颗粒物排放清单。

颗粒物污染排放主要分布于 5 个行业（见图 6-4），分别为电气制造业、金属制品业、非金属矿物制品业、通用设备制造业、专用设备制造业，PM_{10} 的年排放量分别为 9 259.23 kg、4 736.57 kg、406.88 kg、135.00 kg、63.45 kg，$PM_{2.5}$ 的年排放量分别为 6 172.82 kg、3 157.72 kg、270.98 kg、90.00 kg、42.30 kg。$PM_{2.5}$、PM_{10} 在电气制造业的排放量最大，占到整个排放量的 63.41%，其次是金属制品业，占比为 32.44%。

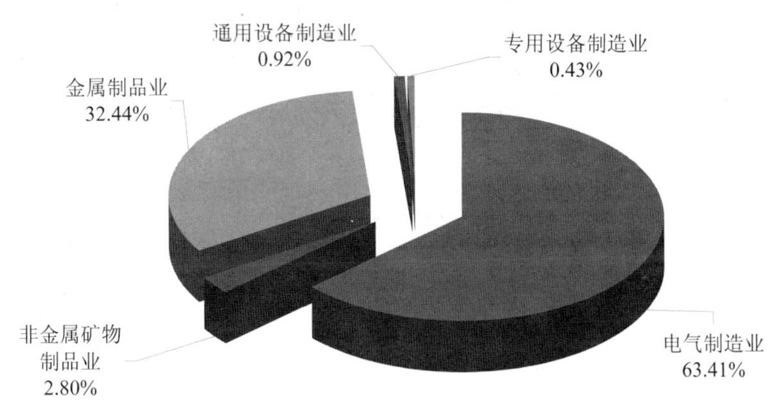

图 6-4　颗粒物排放行业分布

②VOCs 排放清单。

工业生产源 VOCs 污染排放主要来源于两类生产活动，一是以化学制品制造业、塑料制品业、设备制造业等为代表的工业生产过程中 VOCs 排放和以家具制造业、印刷业为代表的工业生产溶剂使用挥发产生的 VOCs 排放。

调查区域内 VOCs 排放主要分布于 14 个行业（见图 6-5），分别为化学制品制造业、电气制造业、造纸及纸制品业、印刷业、家具制造业、塑料制品业、交通运输设备制造业、医药制造业、金属制品业、非金属矿物制品业、仪器仪表制造业、橡胶制品业、通用设备制造业、电子设备制造业，VOCs 排放量分别为 61.16 t、21.55 t、2.42 t、2.33 t、0.96 t、0.62 t、0.57 t、0.44 t、0.26 t、0.22 t、0.09 t、58.21 t、0.04 t、0.02 t。VOCs 排放量在前两位的行业是化学制品制造业和橡胶制造业，占比分别为 41.00%、39.02%，两者相加占整个 VOCs 排放的 80.02%，其次是电气机械制造业，占比为 14.45%。

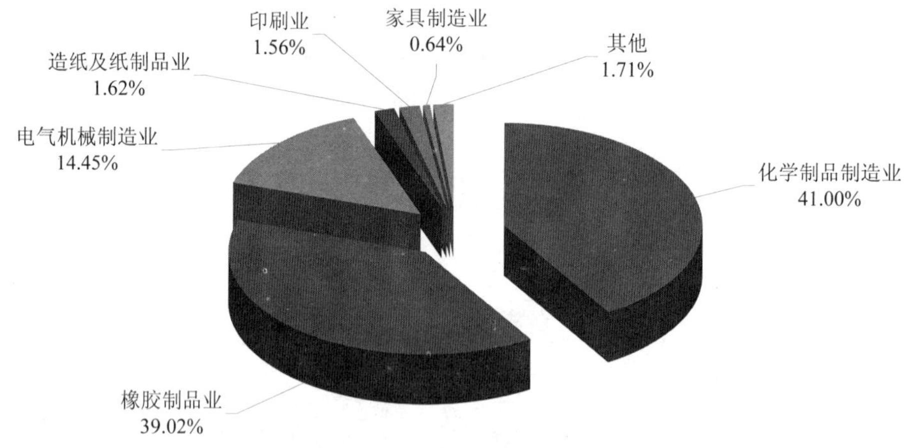

图 6-5　VOCs 排放行业分布

（4）空间分布情况。

企业生产污染空间分布情况见图 6-6，北辰区空气站点位于秋怡小学，由图可知：1 km 范围内的制造业企业共 106 家，占调查范围内制造业企业总数的 30.20%；1～3 km 范围内制造业企业共 131 家，占调查范围内制造业企业总数的 37.32%；3 km 之外的制造业企业共 112 家，占调查范围制造业企业总数的 32.48%。从污染物排放情况来看，1 km 范围内的制造业企业 PM_{10}、$PM_{2.5}$、VOCs 排放量为 1.66 t、1.13 t、2.51 t，分别占到总排放量的 11.33%、11.45%、1.68%；1～3 km 范围内制造业企业 PM_{10}、$PM_{2.5}$、VOCs 排放量为 5.93 t、4.02 t、71.27 t，分别占到总排放量的 40.48%、40.73%、47.78%；3 km 之外制造业企业 PM_{10}、$PM_{2.5}$、VOCs 排放量为 7.06 t、4.73 t、75.39 t，分别占到总排放量的 48.19%、47.92%、50.54%。可见，污染物的排放主要分布在空气站点 1～3 km 和 3 km 之外的区域。

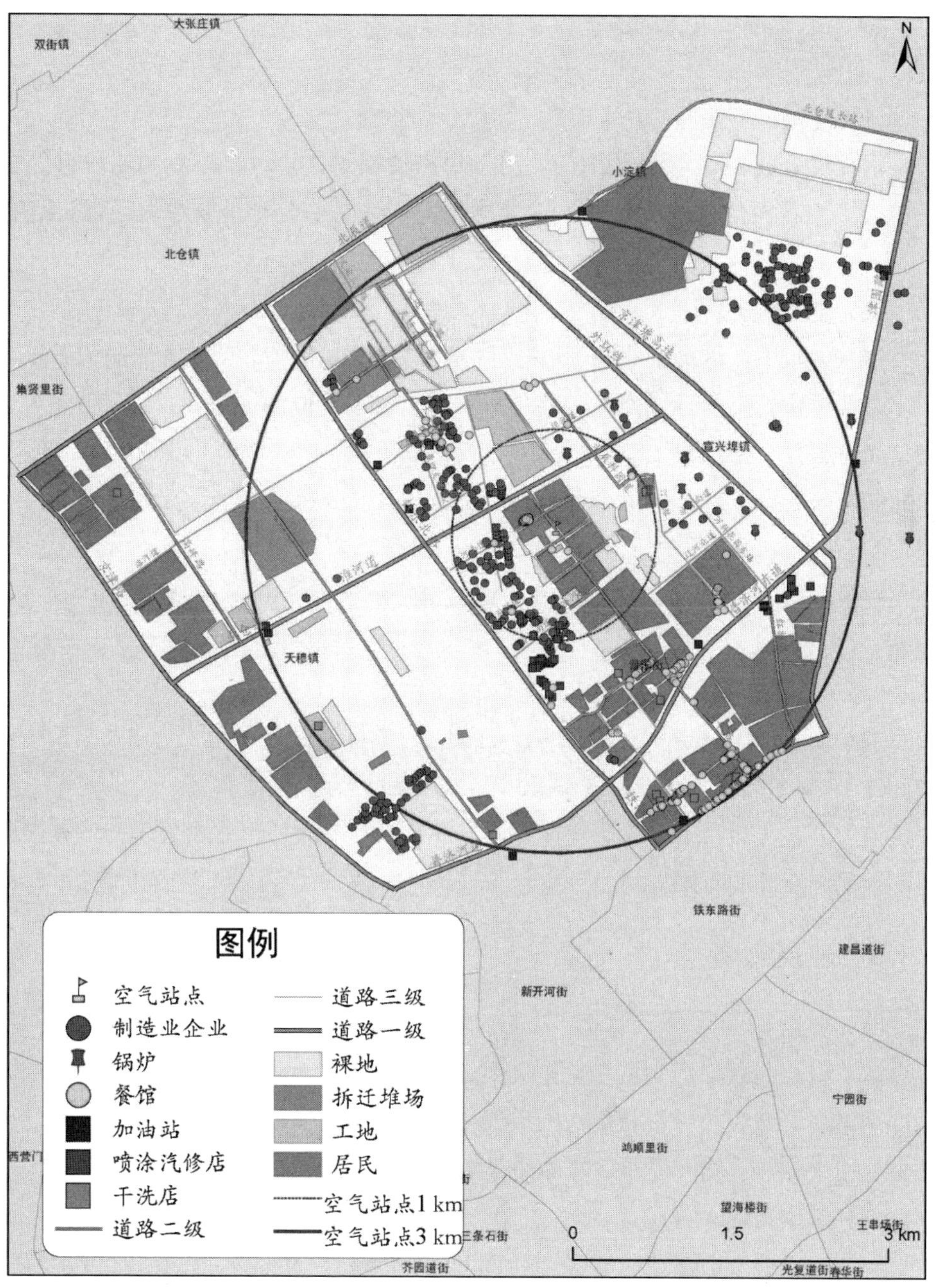

图 6-6　调查区域企业生产污染排放空间分布

6.1.2 锅炉

（1）界定。

本次调查的锅炉主要是指企业用于生产的锅炉，并对津热集团北辰供热公司和天士力花园的供热锅炉进行了粗略估算。研究主要对企业用生产锅炉进行说明。

（2）基本情况。

本次调查中，锅炉企业共 10 家，锅炉台数为 28 台。其中，燃煤锅炉 1 家，天津市万达轮胎集团有限公司，4 台锅炉，2 开 2 备；燃油锅炉 2 家，天津市旭之来食品有限公司 1 台，天津市顺昌晟橡胶有限公司 1 台；燃气锅炉 7 家，天津海河乳业有限公司 1 台，天津市天士力之骄药业有限公司 4 台，天津天士力现代中药资源有限公司 4 台，乐金电子（天津）电器有限公司 12 台，大湖（天津）新鲜食品有限公司 1 台。燃煤消耗量为 150 t/d，燃油消耗量为 30 t/月，燃气总量为 3 114 万 m^3/a。

（3）排放清单。

锅炉 CO、NO_x、SO_2、VOCs、$PM_{2.5}$、PM_{10} 的年排放量分别为 317.18 t、206.79 t、17.67 t、9.96 t、20.92 t、29.26 t。其中，供热锅炉为粗略估算量，仅供参考。排放量最大的是天津市万达轮胎集团有限公司，其次是天津天士力之骄药业有限公司和天津海河乳业有限公司。

6.1.3 散煤燃烧

（1）界定。

本次调查的散煤燃烧主要是指集中供暖之外，用于取暖、生产的煤的燃烧，主要是指居民散煤的使用和商铺的散煤使用，居民散煤在冬天主要用来取暖，夏季主要用来加热食物，夏季散煤的用量要远小于冬季取暖的用量。

（2）基本情况。

本次调查涉及散煤使用的居民区有 10 个，分别是天穆村、宜兴埠二街、宜兴埠六街、宜兴埠五街、宜兴埠八街、宜兴埠四街、宜兴埠民贤里、宜兴埠九街、宜兴埠十街和刘安庄，散煤用户分别为 13 户、60 户、32 户、135 户、233 户、

40 户、20 户、111 户、59 户、662 户，总计 1 365 户，用煤总量为 2 730 t。本次调查涉及的散煤点有 93 个，211 个炉子，均为商铺散煤（含有 7 户平房住户，按点源计入商铺散煤）。

（3）排放清单。

居民散煤 PM_{10}、$PM_{2.5}$、NO_x、SO_2、VOCs、CO 的年排放量依次为 24.08 t、18.73 t、2.48 t、21.84 t、10.02 t、393.12 t。从各居民区散煤排放污染物的分担率上来看（见图 6-7），排放占比最大的是刘安庄，比例达到了 48.50%，其次是宜兴埠的八街和五街，比例分别为 17.07%、9.89%。

商铺散煤 PM_{10}、$PM_{2.5}$、NO_x、SO_2、VOCs、CO 的年排放量依次为 2.41 t、1.88 t、0.25 t、2.19 t、1.00 t、39.37 t。

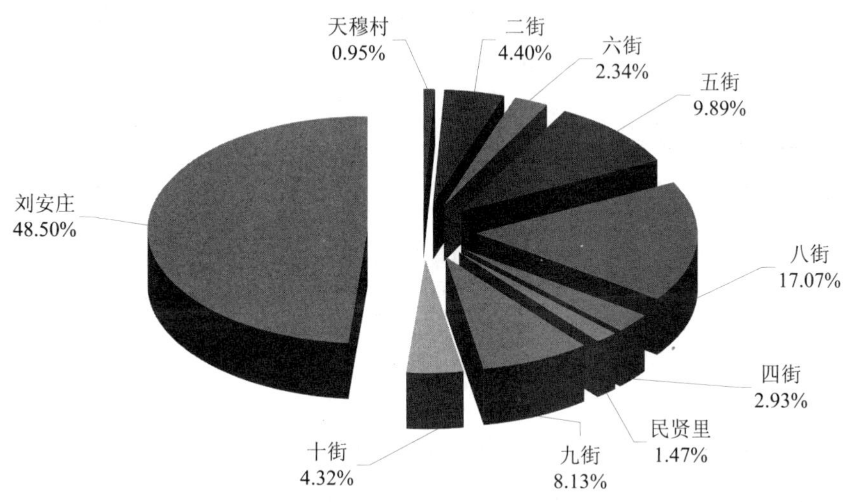

图 6-7　各居民区散煤污染物排放分担率

6.1.4　裸地扬尘

（1）界定。

裸地扬尘是指直接来源于裸露地面（如农田、裸露山体、滩涂、干涸的河谷、未硬化或绿化的空地等）的颗粒物在自然力或人力的作用下形成的扬尘。

（2）基本情况。

纳入统计的裸地共 27 处，面积共计 855 万 m^2，其中，大于 20 万 m^2 的有 12 处，占裸地总数的 83.75%。裸地类型主要是荒地和农田，大部分有植草覆盖和苫盖，覆盖率介于 60%～100%，但覆盖率低于 90%的有 9 处。从距离上看，裸地基本位于空气站点 1 km 区间内、空气站点 1～3 km 的西北部以及 3 km 区域边缘的东北部，空气站点周边 1 km 内的裸地只涉及多块裸地，空气站点 1 km 边缘的东南部有块裸地扬尘污染排放强度较大。

（3）排放清单。

据核算，裸地 PM_{10}、$PM_{2.5}$ 的年排放量分别为 78.72 t、15.83 t，年排放强度为 8.93 g/m^2、1.80 g/m^2。排放强度较大的地块的 ID 序号是 2、3、4、22、23，其中 ID 序号 2、3、4 为农田，ID 序号 22 和 23 为空地。PM_{10} 的年排放强度分别为 16.92 g/m^2、16.93 g/m^2、16.92 g/m^2、16.92 g/m^2、22.21 g/m^2，$PM_{2.5}$ 的年排放强度分别为 3.40 g/m^2、3.40 g/m^2、3.40 g/m^2、3.40 g/m^2、4.47 g/m^2。

6.1.5 工业堆场扬尘

（1）界定。

工业堆场扬尘是指堆放在露天堆场（如煤堆、灰堆、料堆、渣土、垃圾等堆放散流体物料堆）的散状粉尘在自然力或人力作用下不断地向大气释放粉粒而形成的扬尘。

（2）基本情况。

纳入统计的工业堆场共 7 处，堆场面积共计 5.32 万 m^2，其中堆场面积大于 4 000 m^2 的共有 5 处，占堆场面积总数的 94.20%。在调查区域内堆场类型主要为建筑原料堆场，部分堆场安置防尘网来苫盖防尘，也有部分堆场未做任何防尘措施。从距离上看，堆场主要分布于空气站点的西南部和东北部，堆场扬尘污染排放强度较大的区域主要位于空气站点 1～3 km 区间的西南部。

（3）排放清单。

据核算，堆场 PM_{10}、$PM_{2.5}$ 的年排放量分别为 48.31 t、19.33 t，年排放强度为 654.64 g/m^2、261.86 g/m^2。排放较大的堆场是天穆开发区建筑堆场、天津市滨涛混凝土有限公司、天津市天材伟业建筑材料有限公司，PM_{10} 的年排放强度分别为 307.64 g/m^2、167.83 g/m^2、51.43 g/m^2，$PM_{2.5}$的年排放强度分别为 123.11 g/m^2、67.08 g/m^2、20.65 g/m^2。

6.1.6　拆迁堆场扬尘

（1）界定。

拆迁堆场扬尘是指拆迁施工工地在拆迁过程中产生的散状粉尘与拆迁后堆放的建筑废料在自然力或人力作用下不断地向大气释放粉粒而形成的扬尘。

（2）基本情况。

纳入统计的拆迁堆场共 7 个，占地面积共计 127.50 万 m^2，施工类型主要是住房拆迁、商业街拆迁、基础设施拆迁，各个拆迁工地采取相应的控尘措施，主要有围挡、苫盖、防尘网（布）。拆迁堆场主要分布于空气站点的西北部和西部，拆迁地扬尘污染排放强度较大的区域主要位于空气站点 1～3 km 区间的西南部与西部，空气站点 1 km 范围内有 1 处拆迁地，在空气站点 3 km 边缘有 1 处拆迁堆场扬尘污染排放强度较大。

（3）排放清单。

据统计，堆场 PM_{10}、$PM_{2.5}$的年排放量分别为 10.74 t、4.30 t。排放较大的堆场是天穆开发区拆迁堆场、朝阳路西侧拆迁堆场、汾河道拆迁堆场。

6.1.7　工地扬尘

（1）界定。

工地扬尘是指城市市政基础设施建设、建筑物建造与拆迁、设备安装工程及装饰修缮工程等施工场所在施工过程中产生的扬尘，包括城市市政基础设施建设、建筑物建造与拆迁、设备安装工程及装饰修缮工程四类。

（2）基本情况。

纳入统计的工地共 16 个，占地面积共计 66 万 m^2，其中，建筑施工 10 个，道路施工 4 个，拆迁工地 2 个。按建筑工地的施用阶段分类，场地平整 1 个，地基建设 2 个，土方开挖 3 个，主体建设 1 个，配套设施 2 个，装修 1 个。

（3）排放清单。

据核算，空气站点 3 km 工地 PM_{10}、$PM_{2.5}$年排放量依次为 109.92 t、22.43 t。

其中，排放量位于前三位的是恒大御景湾、中储股份有限公司南仓分公司 A3 地块、金地北润华庭，PM_{10} 的年排放量分别为 37.86 t、30.06 t、22.59 t，$PM_{2.5}$ 的年排放量分别为 7.73 t、6.14 t、4.61 t。

6.1.8 道路扬尘

（1）界定。

道路扬尘是指道路积尘在一定动力条件（风力、机动车碾压、人群活动等）作用下进入环境空气中形成的扬尘。

（2）基本情况。

纳入统计的道路共 24 条，道路长度共计 84.82 km，年车流量共计 19 640 万辆。其中，重要的道路主要有京津塘高速、京津路、外环线、普济河道、普济河东道、铁东北路、南仓道。1 km 范围涉及道路 5 条，道路长度共计 17.24 km，占整个调查区域道路长度的 20.33%。

（3）排放清单。

经核算，空气站点 3 km 道路扬尘 PM_{10}、$PM_{2.5}$ 的年排放量分别为 47.26 t、4.28 t。扬尘年排放量较大的道路是京津塘高速、京津路、外环线、普济河道、普济河东道、铁东北路，PM_{10} 的年排放量分别为 7.18 t、8.46 t、5.53 t、5.07 t、2.81 t、2.39 t，$PM_{2.5}$ 的年排放量分别为 0.63 t、0.74 t、0.48 t、0.44 t、0.24 t、0.21 t。

6.1.9 道路机动车

（1）界定。

机动车尾气是指行驶的交通运输设备动力燃料燃烧排放的污染物，主要包括出租车、小型客车、公交车、中型客车、大型客车、小型货车、中型货车、大型货车、三轮车和摩托车等车辆排放的尾气。

（2）基本情况。

纳入统计的道路共 24 条，出租车、小型客车、公交车、中型客车、大型客车、小型货车、中型货车、大型货车、三轮车和摩托车年车流量分别为 9 898 070 辆（5.04%）、116 727 000 辆（59.43%）、2 536 750 辆（1.27%）、9 024 625 辆（4.60%）、8 355 215 辆（4.25%）、28 540 080 辆（14.53%）、9 333 050 辆（4.75%）、11 972 365 辆

（6.10%）、7 300 辆（0.000 04%）、5 840 辆（0.000 03%）（见图 6-8）。

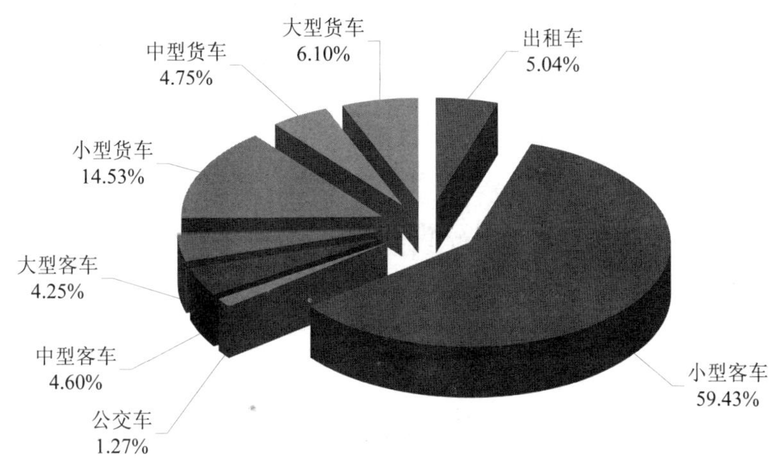

图 6-8　各车型车流量分布

（3）排放清单。

经核算，空气站点 3 km 机动车尾气 CO、NO_x、SO_2、VOCs、$PM_{2.5}$、PM_{10} 的年排放量分别为 639.73 t、253.04 t、6.79 t、84.35 t、10.50 t、11.48 t。从各道路机动车尾气排放的占比来看，污染物排放量最大的道路为京津路、京津塘高速和北仓延长路。

6.1.10　其他

（1）施工机械。

①界定。

施工机械主要是指市政、环卫及各种建设工程等施工机械设备。施工机械在运行过程中主要产生扬尘，并且燃料燃烧排放污染物。

②基本情况。

纳入本次统计的施工机械主要包括挖掘机、打桩机、推土机、运输车辆，集中于金侨宸公馆、天士力健康城、恒大御景湾和金地北润华庭 4 处建筑工地。

③排放清单。

纳入本次统计的施工机械 VOCs、$PM_{2.5}$、PM_{10} 的年排放量分别为 1.15 t、0.33 t 和 0.35 t。其中，距监测空气站点 1 km 内涉及的小区的年排放量分别为 0.90 t、0.26 t 和 0.27 t，分别占统计的居民餐饮总污染物排放量的 78.26%、78.79%和 77.14%。

（2）餐馆。

①界定。

餐馆是指通过即时加工、商业销售和服务型劳动等，向消费者提供食品、消费场所和设施的饭馆、快餐店、小吃店、饮品店、食堂等。其污染物主要是指油烟污染。

②基本情况。

纳入本次统计的餐馆共 175 家，根据《饮食业油烟排放标准》（GB 18483—2001）的划分，其中大型餐馆为 14 家，占统计餐馆的 8.00%，中型餐馆为 9 家，占统计餐馆的 5.14%，小型餐馆为 152 家，占统计餐馆的 86.86%。在所调查的餐馆中，大型餐馆 7.14%安装有烟气净化设备，中型餐馆、小型餐馆烟气净化设备安装率几乎为 0。

③排放清单。

纳入统计的餐馆的 VOCs、$PM_{2.5}$、PM_{10} 的年排放量分别为 6.95 t、7.91 t 和 9.89 t。其中，大型餐馆 VOCs、$PM_{2.5}$、PM_{10} 的年排放量分别为 3.96 t、4.52 t 和 5.64 t，分别占统计的餐馆总污染物排放量的 56.98%、57.14%和 57.03%；中型餐馆 VOCs、$PM_{2.5}$、PM_{10} 的年排放量分别为 0.87 t、0.99 t 和 1.24 t，分别占统计的餐馆总污染物排放量的 12.52%、12.52%和 12.54%；小型餐馆 VOCs、$PM_{2.5}$、PM_{10} 的年排放量分别为 2.12 t、2.40 t 和 3.01 t，分别占统计的餐馆总污染物排放量的 30.50%、30.34%和 30.43%。

（3）居民餐饮。

①界定。

居民餐饮污染主要是指家庭居民做饭过程中产生的油烟污染。

②基本情况。

纳入本次统计的居民小区共 82 个，涉及户数 103 278 户。其中，距监测空气站点 1 km 内涉及的小区为 11 个，占本次统计小区数的 13.58%。

③排放清单。

纳入本次统计的居民餐饮的 VOCs、$PM_{2.5}$、PM_{10} 的年排放量分别为 7.50 t、8.57 t 和 10.71 t。其中，距监测空气站点 1 km 内涉及的小区的 VOCs、$PM_{2.5}$、PM_{10} 年排放量分别为 1.07 t、1.22 t 和 1.53 t，分别占统计的居民餐饮的总污染物排放量的 14.27%、14.24%和 14.28%。

（4）居民溶剂。

①界定。

居民溶剂污染主要是指洗衣液、洗涤剂、洗手液等家庭有机溶剂的使用过程中排放的挥发性有机物。

②基本情况。

纳入本次统计的居民小区共 82 个，涉及户数 103 278 户。其中，距监测空气站点 1 km 内涉及的小区为 11 个，占本次统计小区数的 13.58%。

③排放清单。

纳入统计的居民小区溶剂使用 VOCs 的年排放量为 9.09 t。

（5）有机溶剂存储、使用。

①界定。

有机溶剂存储源排放包括含有机溶剂产品在生产和流通过程中，在工厂、产品中转站和销售终端 3 个物流节点的存储环节，由于产品本身固有的特性和受周围环境的影响，含有机溶剂产品易产生并排放 VOCs。有机溶剂存储源主要包括储罐和加油站，其中，储罐 VOCs 排放来源于物料装卸过程的“大呼吸”排放和受环境温度变化的“小呼吸”排放；加油站 VOCs 气体的挥发主要来自 3 个环节，分别为油罐汽车卸油时产生的油气、汽车油箱加汽油时产生的油气、加油油气回收系统部分排放的油气。

其他溶剂使用源为除工业企业外的溶剂使用源，包括喷涂汽修店等服务业溶剂使用源。

②基本情况。

有机溶剂存储源方面，共调查获取区域内 10 家加油站情况，7 家加油站分布在空气站点 3 km 范围内，汽油、柴油销售量分别为 25 000.00 t、4 550.00 t，空气站点 3 km 范围内加油站汽油销售量高于柴油销售量。经调查，区域内 7 家加油站均配置了由卸油油气回收系统和加油油气回收系统组成的二次油气回收系统，可有效减少油气损失，并减少 VOCs 排放。

其他溶剂使用源方面，共调查获取区域内 40 家涉及喷涂作业的汽修店情况，均配置了喷漆/烤漆室。喷涂汽修店所用涂料主要为普通漆和金属漆两种。调查发现，区域内汽修店多数均已安装了“过滤棉+活性炭”吸附装置，但普遍存在活性炭更换频次低的问题。另外，共调查获取区域内 10 家干洗染店，干洗染店使用石油与四氯乙烯作为干洗剂，使用量为 1.89 t，其中，干洗染剂年使用量在 200 kg 以上的干洗染店有 4 家，干洗染剂年使用量小于 200 kg 的干洗染店为 6 家。

③排放清单。

结合油品销售情况及油气回收装置情况，调查范围内加油站 VOCs 排放量为 22.08 t；结合油漆、涂料使用类型、使用量、控制措施，喷涂汽修店 VOCs 年排放量为 2.50 t；结合干洗剂石油与四氯乙烯的使用量，干洗染店 VOCs 年排放量为 1.89 t。

6.1.11 污染源排放总量

（1）排放清单。

表 6-1 是北辰区空气站点周围 3 km 夏季污染源排放清单。由表 6-1 可知，北辰区空气站点周围 3 km 夏季（6—8 月）污染物排放总量为：PM_{10} 79.49 t、$PM_{2.5}$ 28.73 t、SO_2 8.93 t、CO 290.30 t、NO_x 117.32 t、VOCs 103.11 t。表 6-2 是北辰区空气站点周围 3 km 全年污染源排放清单。由表 6-2 可知，北辰区空气站点周围 3 km 全年污染物排放总量为：PM_{10} 431.28 t、$PM_{2.5}$ 147.95 t、SO_2 48.68 t、CO 1 395.39 t、NO_x 469.52 t、VOCs 305.66 t。

表 6-1　北辰区空气站点周围 3 km 夏季污染源排放清单　单位：t

污染物 污染源	PM_{10}	$PM_{2.5}$	SO_2	CO	NO_x	VOCs
裸地	3.94	0.79				
工地	21.98	4.49				
工业堆场	9.66	3.87				
拆迁堆场	1.07	0.43				
道路扬尘	20.19	1.84				
道路机动车	2.87	2.63	1.70	159.93	63.26	21.09
施工机械	0.14	0.13	0.07	2.31	2.77	0.46
锅炉	7.32	5.23	4.42	78.84	50.97	2.45
居民散煤	2.41	1.87	2.18	39.31	0.25	1.00
商铺散煤	0.60	0.47	0.55	9.84	0.06	0.25
餐馆	2.97	2.37	0.01	0.07	0.01	2.09
居民餐饮	2.68	2.14				1.87
制造业企业	3.66	2.47				59.67
居民溶剂						3.64
加油站						8.83
干洗店						0.76
汽修店						1.00
总计	79.49	28.73	8.93	290.30	117.32	103.11

表 6-2 北辰区空气站点周围 3 km 全年污染源排放清单 单位：t

污染源＼污染物	PM_{10}	$PM_{2.5}$	SO_2	CO	NO_x	VOCs
裸地	78.72	15.83				
工地	109.92	22.43				
工业堆场	48.31	19.33				
拆迁堆场	10.74	4.30				
道路扬尘	47.26	4.28				
道路机动车	11.48	10.50	6.79	639.73	253.04	84.35
施工机械	0.35	0.33	0.17	5.76	6.93	1.15
锅炉	29.26	20.92	17.67	317.18	206.79	9.96
居民散煤	24.08	18.73	21.84	393.12	2.48	10.02
商铺散煤	2.41	1.88	2.19	39.37	0.25	1.00
餐馆	9.89	7.91	0.02	0.23	0.03	6.95
居民餐饮	10.71	8.57				7.50
制造业企业	14.65	9.88				149.17
居民溶剂						9.09
加油站						22.08
干洗店						1.89
汽修店						2.50
总计	431.28	147.95	48.68	1 395.39	469.52	305.66

（2）$PM_{2.5}$ 排放特征。

北辰区空气站点周边 3 km 全年 $PM_{2.5}$ 的排放前 5 位的污染源是工地、锅炉、工业堆场、居民散煤、裸地，分担率分别为 15.16%、14.14%、13.07%、12.66%、10.70%（见图 6-9）；北辰区空气站点周边 3 km 夏季 $PM_{2.5}$ 的排放前 5 位的污染源是锅炉、工地、工业堆场、道路机动车、制造业企业，分担率分别为 18.21%、15.62%、13.46%、9.14%、8.60%（见图 6-10）。与全年相比，夏季的锅炉、道路机动车、制造业企业的贡献率上升；居民散煤、裸地的贡献率下降；工地、工业堆场的贡献率始终处于比较高的位置。可见，北辰区 $PM_{2.5}$ 的来源比较复杂，一些常见的污染源均有涉及，且分担率相差不大。排放污染较大的区域主要位于工地、堆场和钢铁行业以及金属制品行业附近（见图 6-11、图 6-12）。

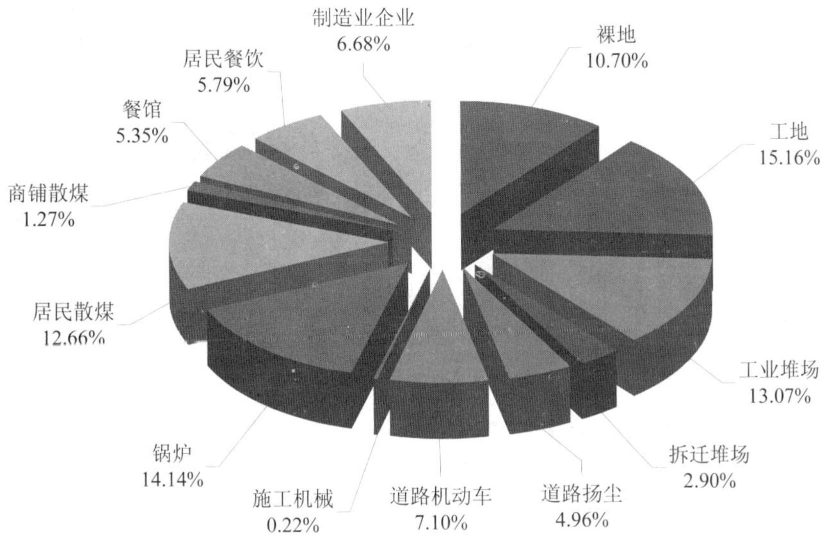

图 6-9　全年 $PM_{2.5}$ 排放源分担情况

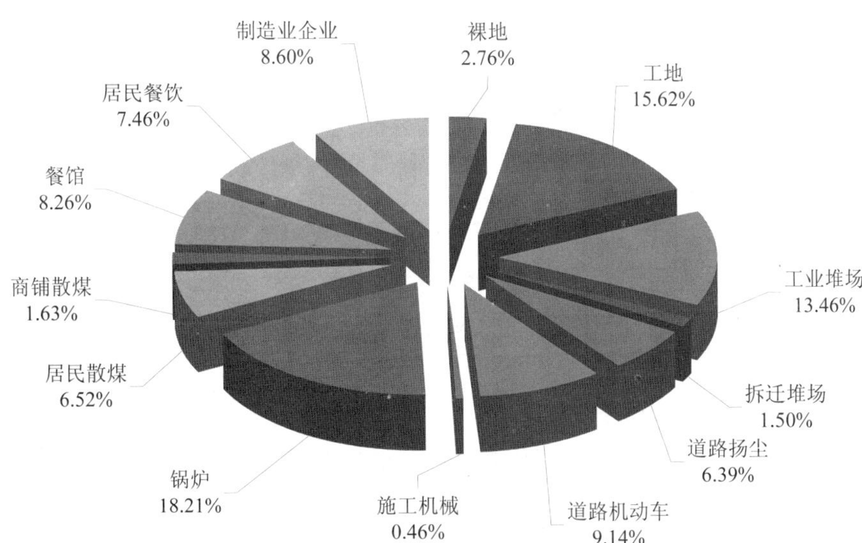

图 6-10　夏季 $PM_{2.5}$ 排放源分担情况

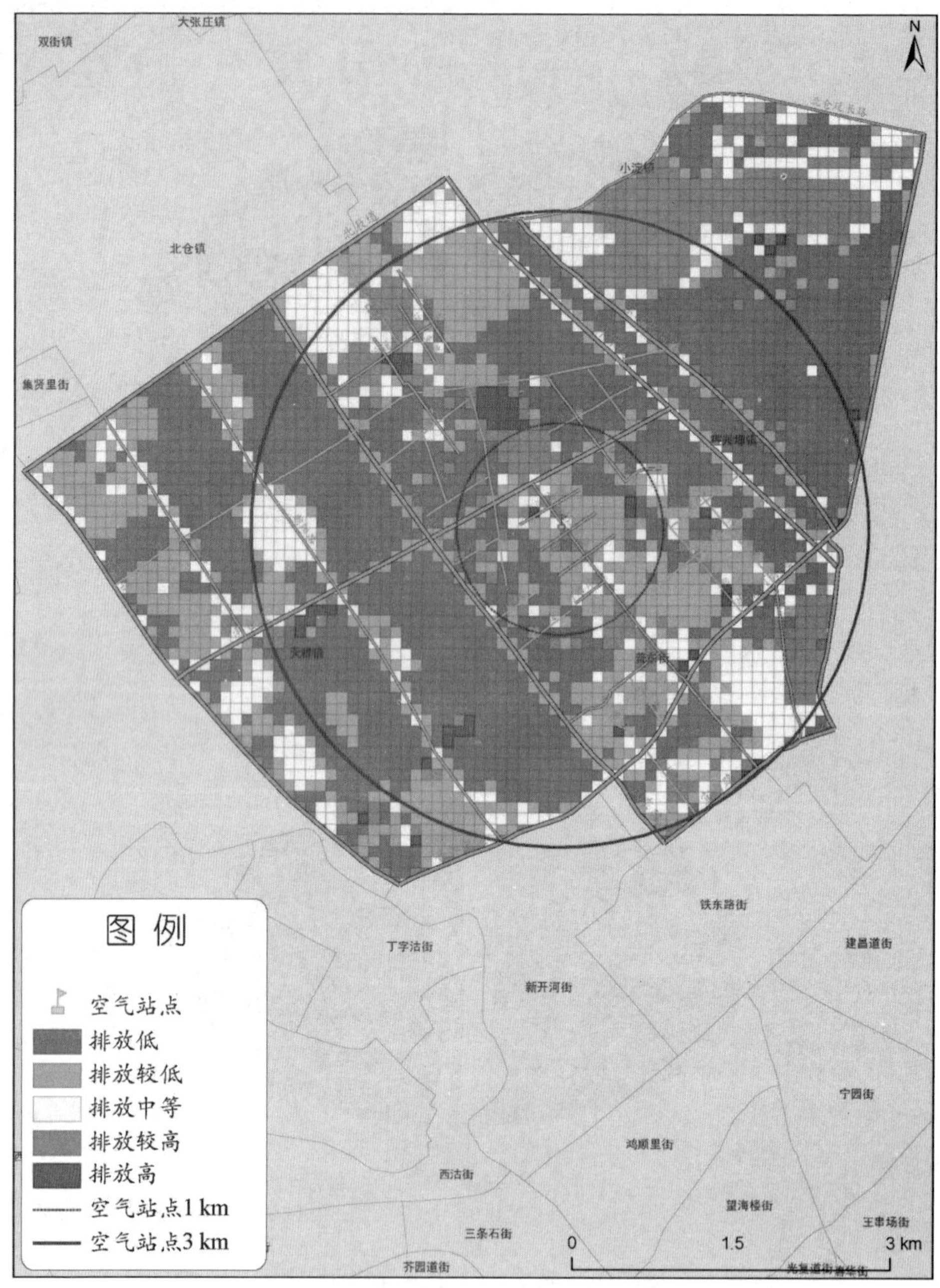

图 6-11 全年 $PM_{2.5}$ 排放总量空间网格分布

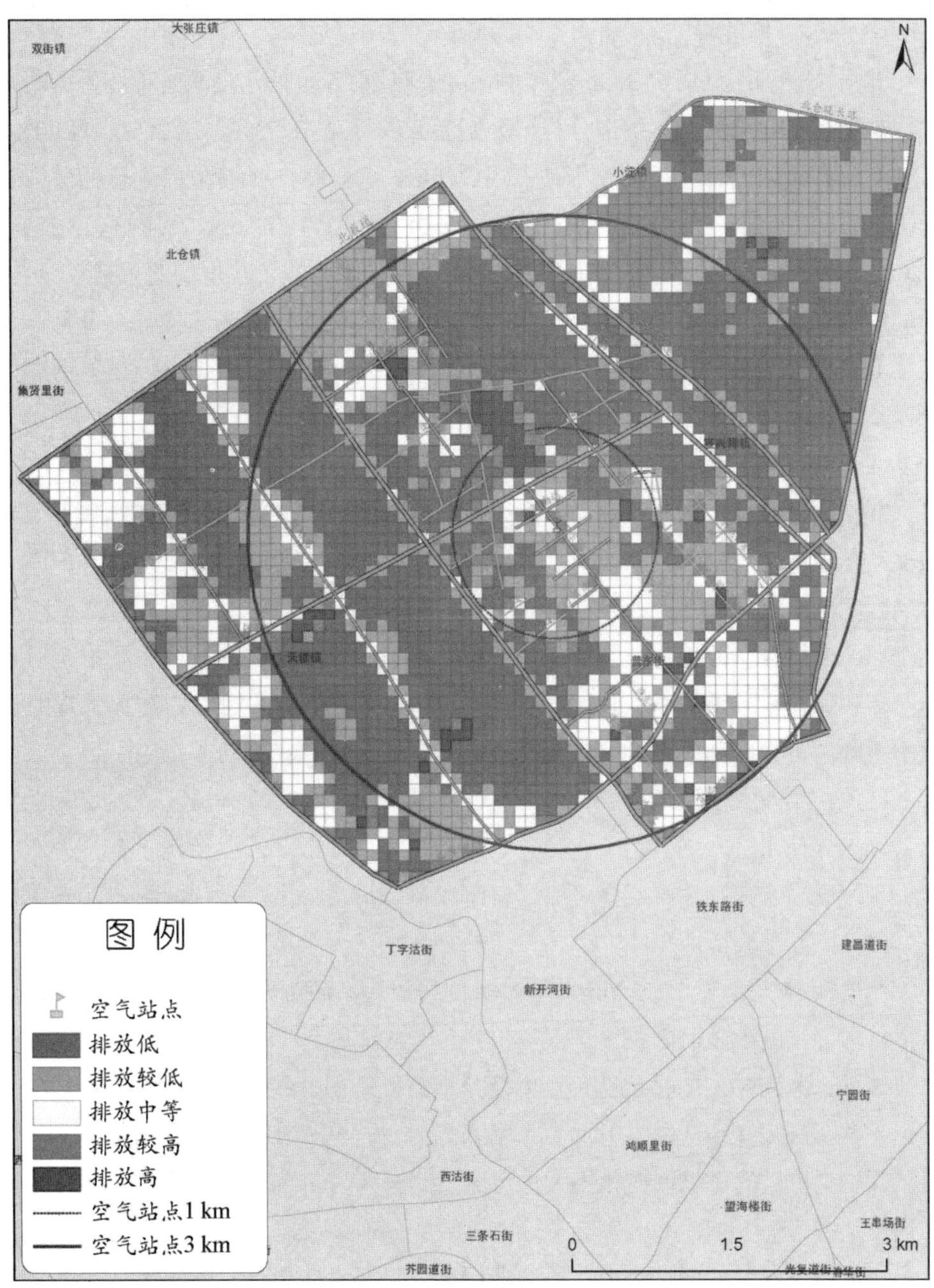

图 6-12　夏季 $PM_{2.5}$ 排放总量空间网格分布

（3）PM_{10} 排放特征。

北辰区空气站点周边 3 km 全年 PM_{10} 的排放前 5 位的污染源是工地、道路扬尘、裸地、工业堆场、锅炉，分担率分别为 25.49%、18.73%、18.25%、11.20%、6.79%（见图 6-13）；北辰区空气站点周边 3 km 夏季 PM_{10} 的排放前 5 位的污染源是工地、道路扬尘、工业堆场、锅炉、裸地，分担率分别为 27.66%、25.40%、12.15%、9.20%、4.95%（见图 6-14）。与全年相比，夏季的锅炉、工业堆场的贡献率上升；裸地的贡献率下降；工地、道路扬尘的贡献率始终处于比较高的位置。可见，北辰区 PM_{10} 的来源主要是扬尘。排放污染较大的区域主要位于工地、堆场和钢铁行业以及金属制品行业附近（见图 6-15、图 6-16）。

（4）SO_2 排放特征。

北辰区空气站点周边 3 km 全年 SO_2 的排放污染源主要是居民散煤、锅炉、道路机动车和商铺散煤，分担率分别为 44.86%、36.30%、13.95%、4.50%（见图 6-17）；北辰区空气站点周边 3 km 夏季 SO_2 的排放污染源主要是锅炉、居民散煤、道路机动车和商铺散煤，分担率分别为 49.50%、24.41%、19.04%、6.16%（见图 6-18）。与全年相比，夏季的锅炉、道路机动车、商铺散煤的贡献率上升；居民散煤的贡献率下降。可见，北辰区 SO_2 的来源主要是锅炉、散煤和机动车。

排放污染较大的区域主要位于万达轮胎的锅炉，宜兴埠平房区、刘安庄、天穆村等散煤使用区，国宜道、宜白路、均胜路等商铺散煤，以及姚江东路、外环线、京津唐高速、京津路、高峰路、普济河道等道路（见图 6-19、图 6-20）。

（5）NO_x 排放特征

北辰区空气站点周边 3 km 全年 NO_x 的排放污染源主要是道路机动车、锅炉、施工机械，分担率分别为 53.89%、44.04%、1.48%（见图 6-21）；北辰区空气站点周边 3 km 夏季 NO_x 的排放污染源主要是道路机动车、锅炉、施工机械，分担率分别为 53.92%、43.45%、2.36%（见图 6-22）。与全年相比，夏季的道路机动车、锅炉、施工机械的贡献率变化不大。可见，北辰区 NO_x 的来源主要是道路机动车和锅炉。

排放污染较大的区域主要位于企业锅炉，以及姚江东路、外环线、京津唐高速、京津路、高峰路、普济河道等道路（见图 6-23、图 6-24）。

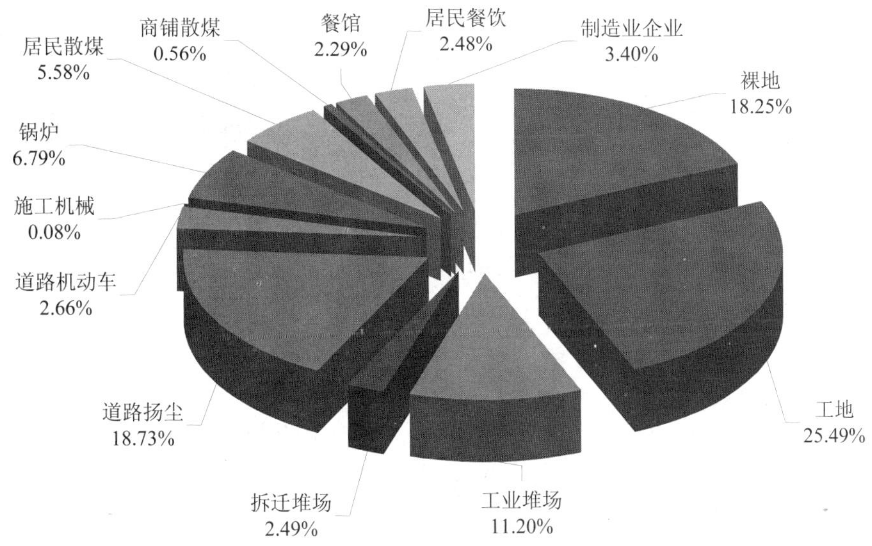

图 6-13　全年 PM_{10} 排放源分担情况

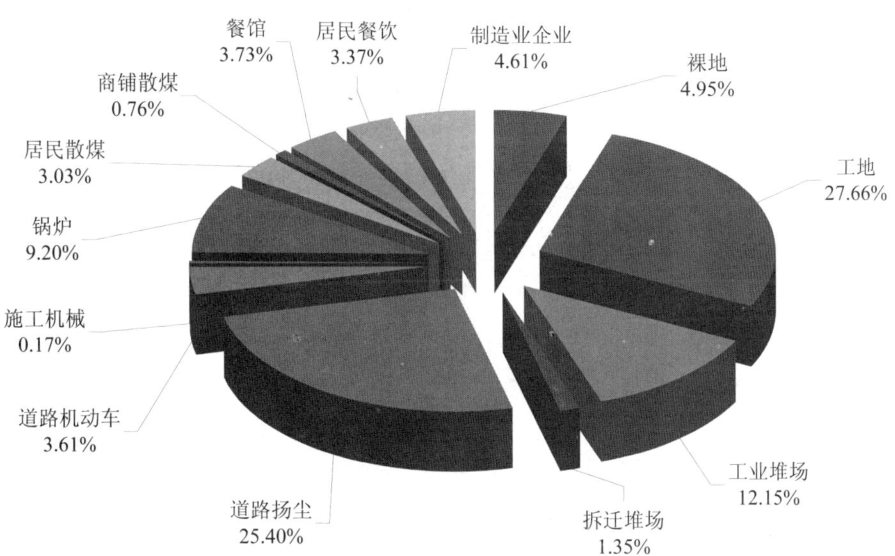

图 6-14　夏季 PM_{10} 排放源分担情况

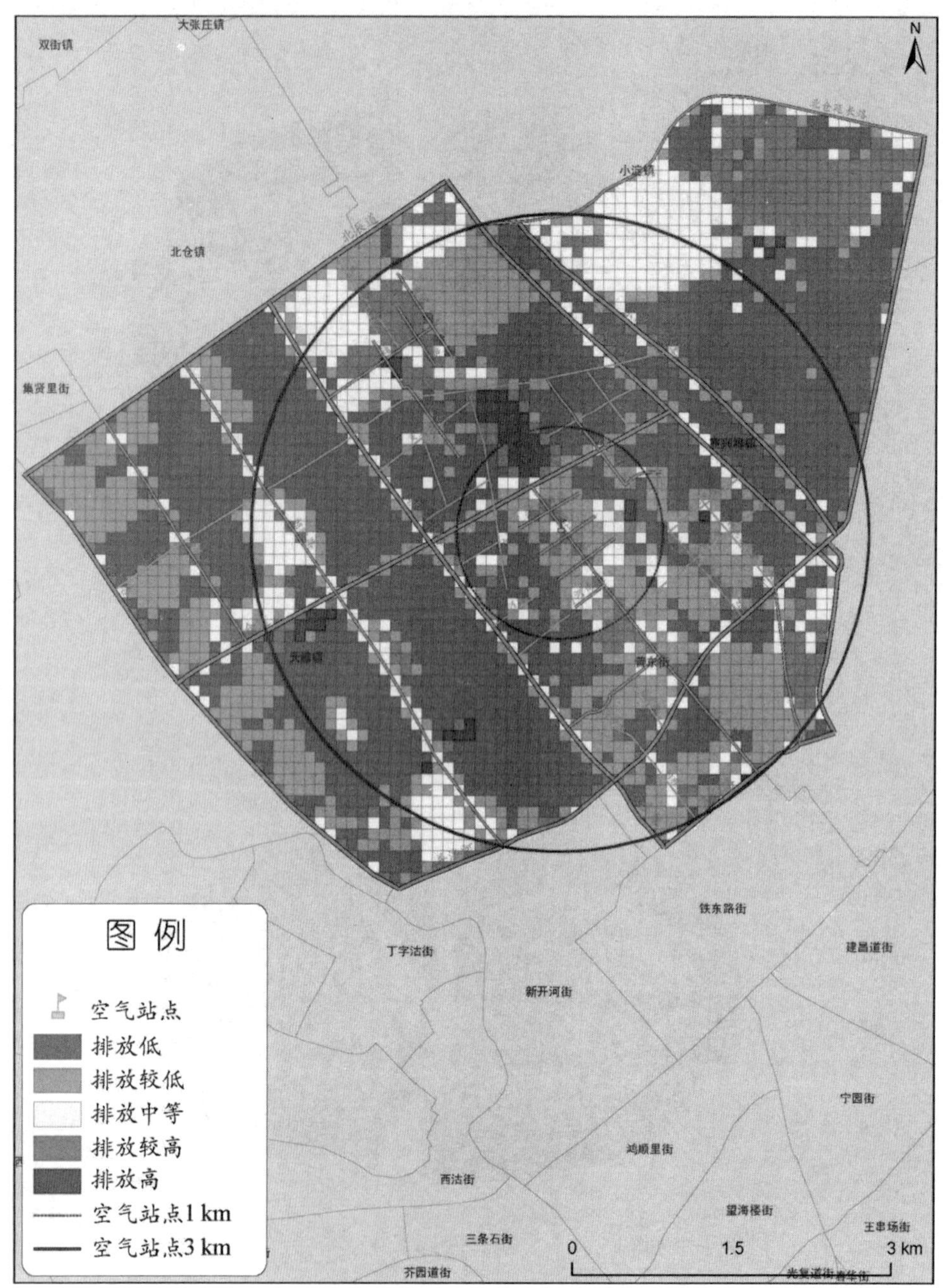

图 6-15　全年 PM_{10} 排放总量空间网格分布

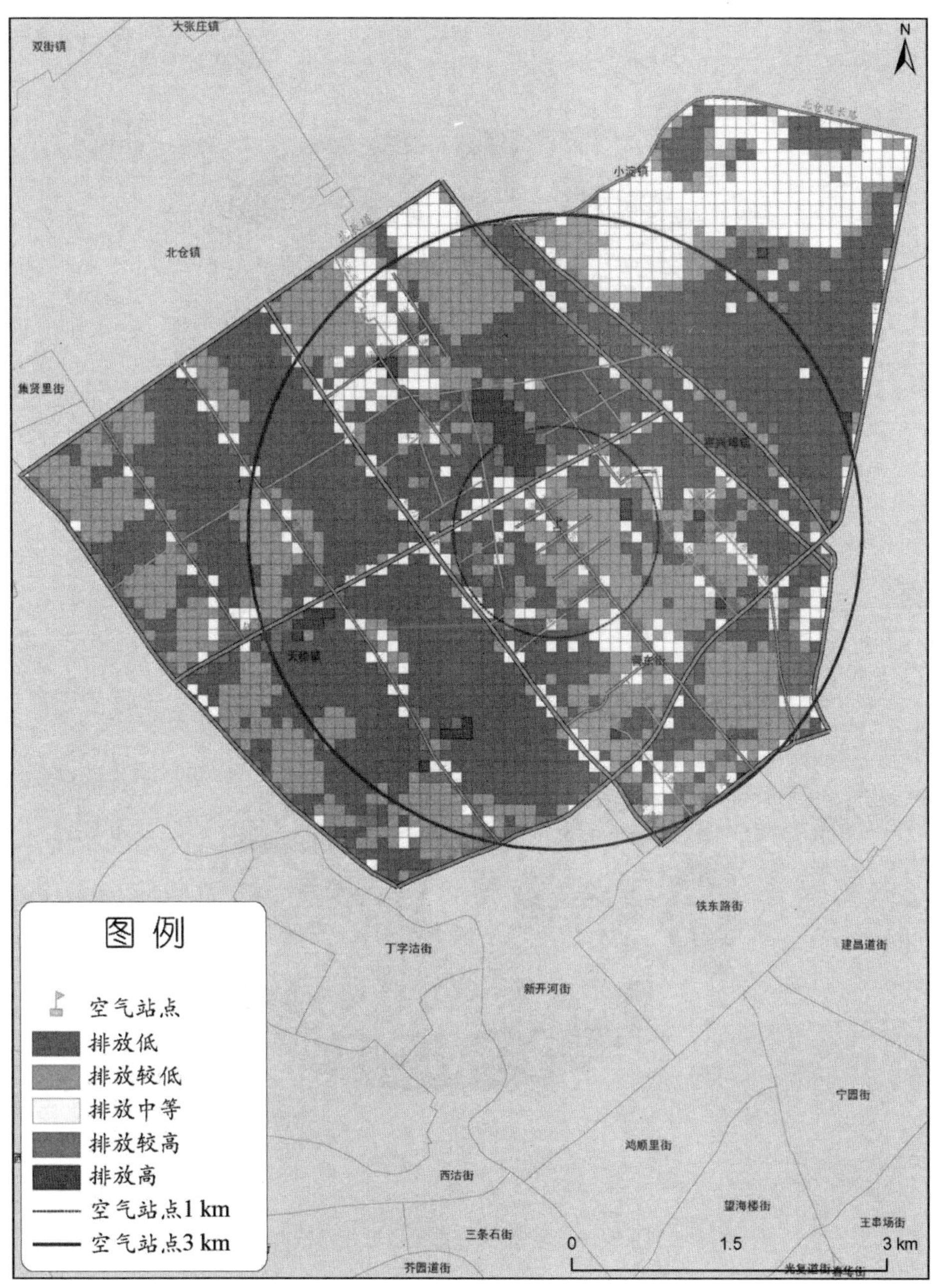

图 6-16　夏季 PM_{10} 排放总量空间网格分布

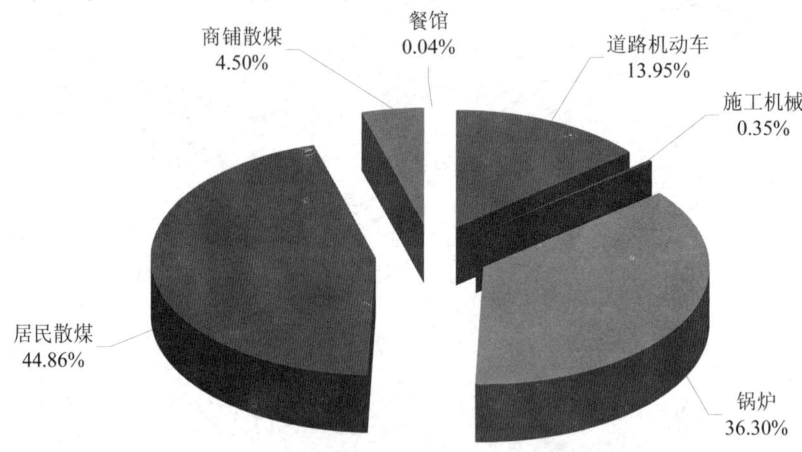

图 6-17 全年 SO_2 排放源分担情况

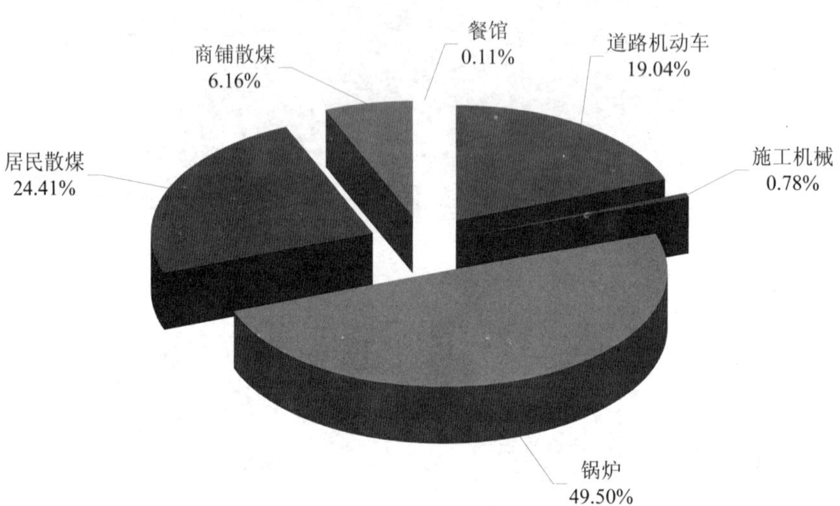

图 6-18 夏季 SO_2 排放源分担情况

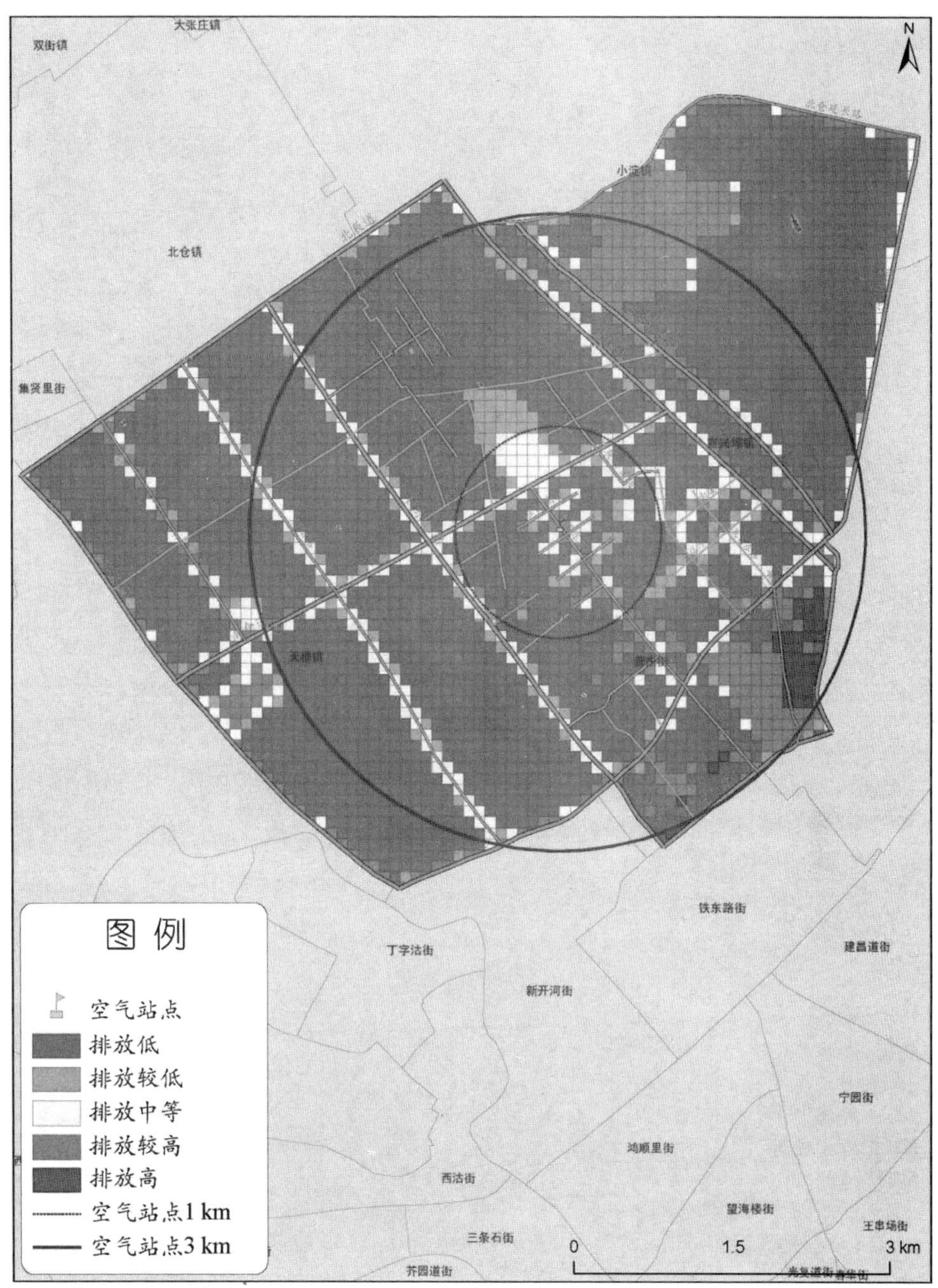

图 6-19　全年 SO_2 排放总量空间网格分布

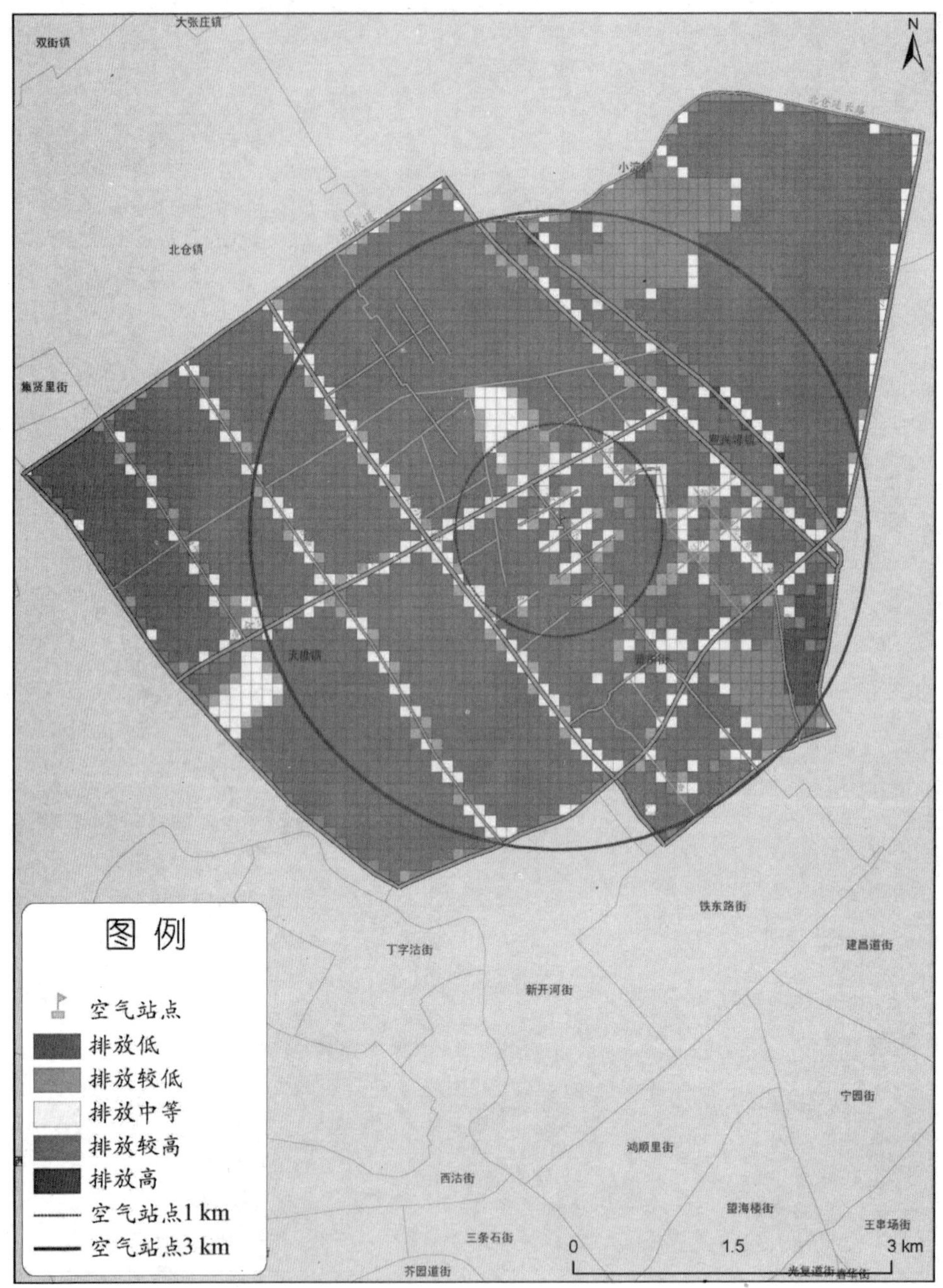

图 6-20 夏季 SO_2 排放总量空间网格分布

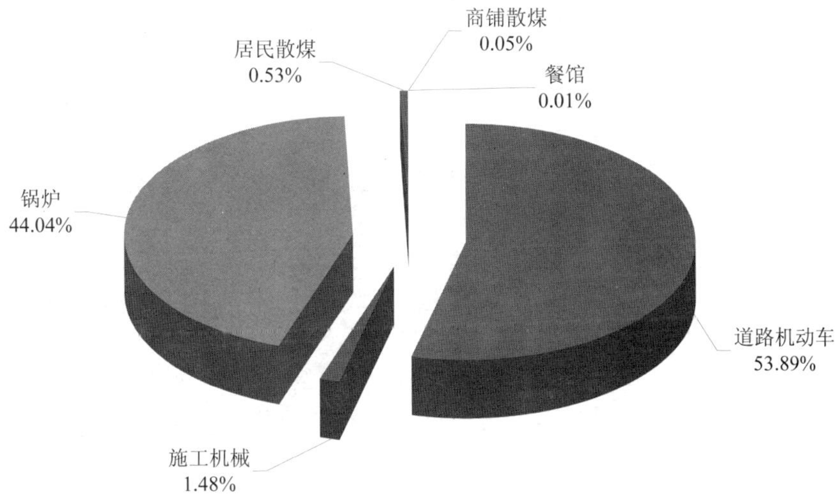

图 6-21　全年 NO_x 排放源分担情况

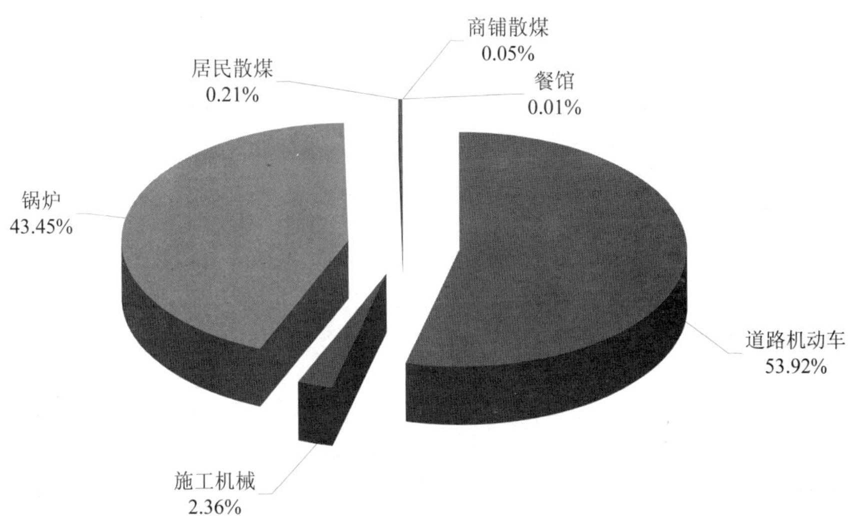

图 6-22　夏季 NO_x 排放源分担情况

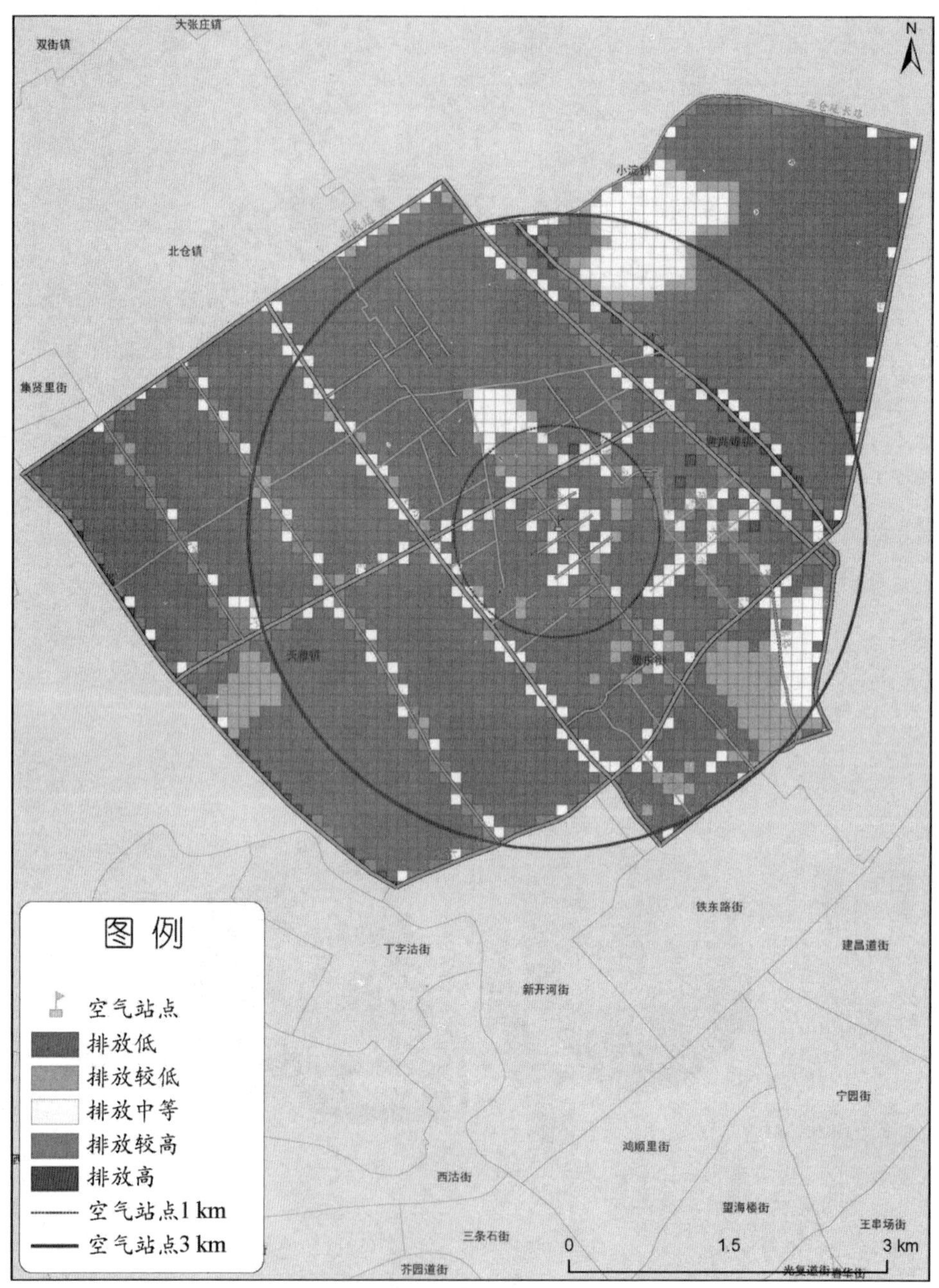

图 6-23　全年 NO_x 排放总量空间网格分布

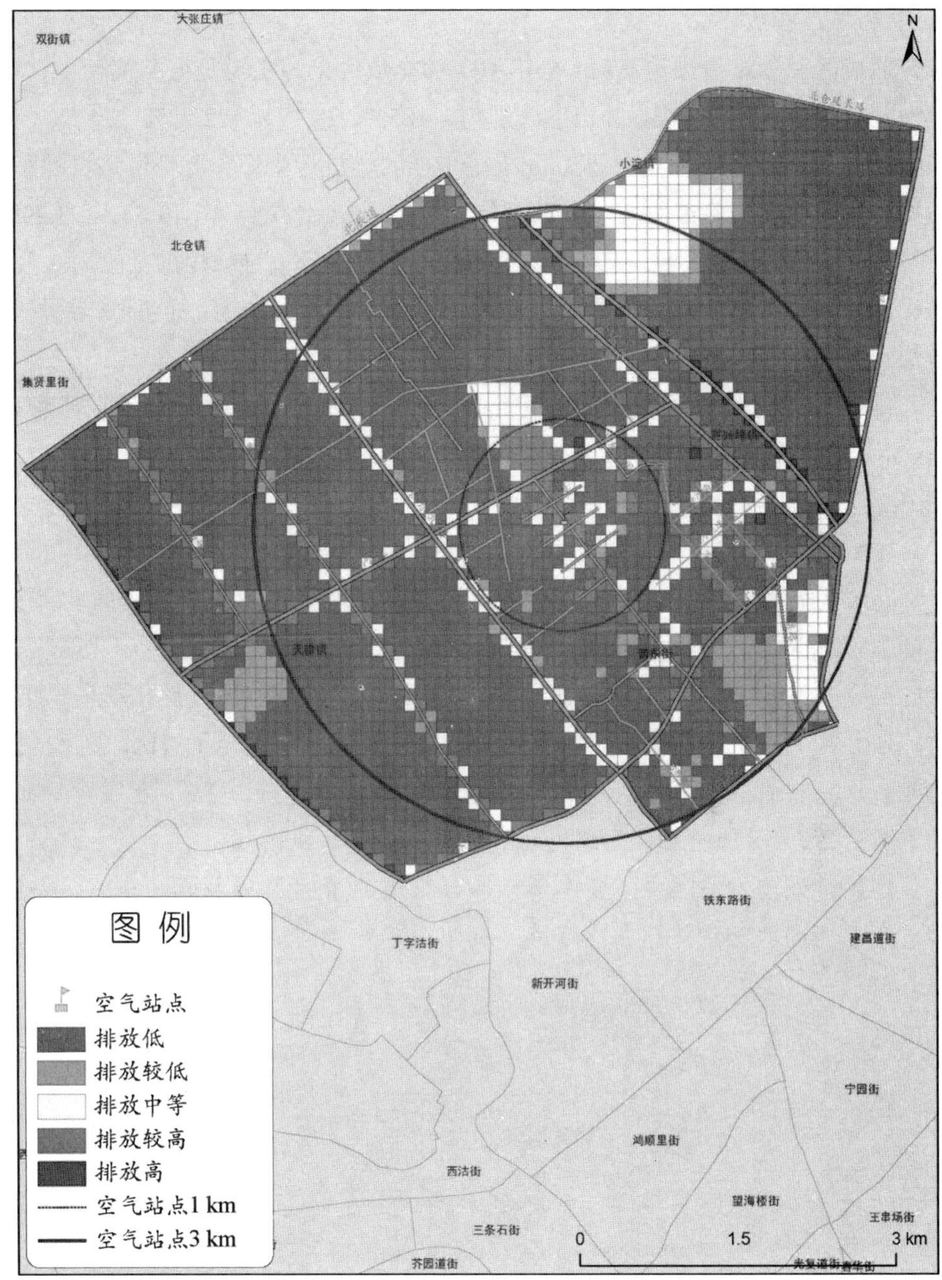

图 6-24　夏季 NO_x 排放总量空间网格分布

（6）CO 排放特征。

北辰区空气站点周边 3 km 全年 CO 的排放污染源主要是道路机动车、居民散煤、锅炉、商铺散煤，分担率分别为 45.85%、28.17%、22.73%、2.82%（见图 6-25）；北辰区空气站点周边 3 km 夏季 CO 的排放污染源主要是道路机动车、锅炉、居民散煤、商铺散煤，分担率分别为 55.09%、27.16%、13.54%、3.39%（见图 6-26）。与全年相比，夏季的道路机动车、锅炉和商铺散煤的贡献率上升；居民散煤的贡献率下降。可见，北辰区 CO 的来源主要是道路机动车、锅炉、散煤。

排放污染较大的区域主要位于企业锅炉，姚江东路、外环线、京津唐高速、京津路、高峰路、普济河道等道路，以及宜兴埠散煤使用住户（见图 6-27、图 6-28）。

（7）VOCs 排放特征。

北辰区空气站点周边 3 km 全年 VOCs 的排放污染源主要是制造业企业、道路机动车、加油站，分担率分别为 48.80%、27.60%、7.22%（见图 6-29）；北辰区空气站点周边 3 km 夏季 VOCs 的排放污染源主要是制造业企业、道路机动车、加油站，分担率分别为 57.87%、20.45%、8.56%（见图 6-30）。与全年相比，夏季的制造业企业、加油站的贡献率上升；道路机动车的贡献率下降。可见，北辰区 VOCs 的来源主要是制造业企业、道路机动车和加油站。

排放污染较大的区域主要位于涉 VOCs 排放企业，以及姚江东路、外环线、京津唐高速、京津路、高峰路、朝阳道、普济河道等道路（见图 6-31、图 6-32）。

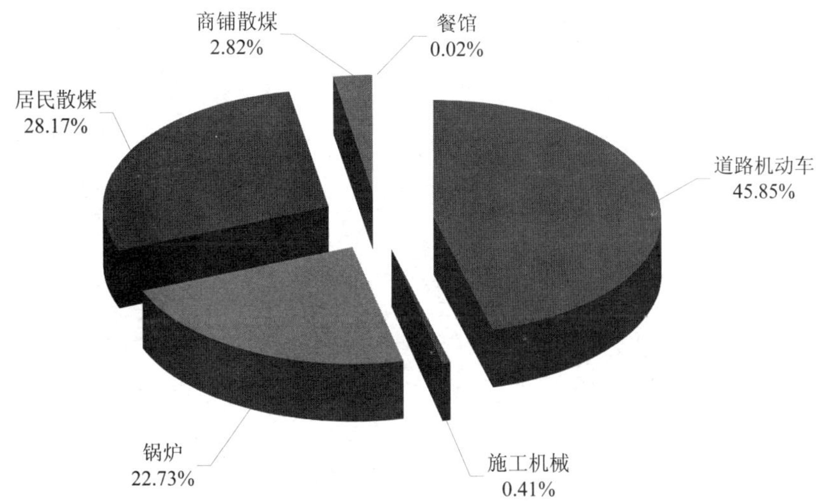

图 6-25　全年 CO 排放源分担情况

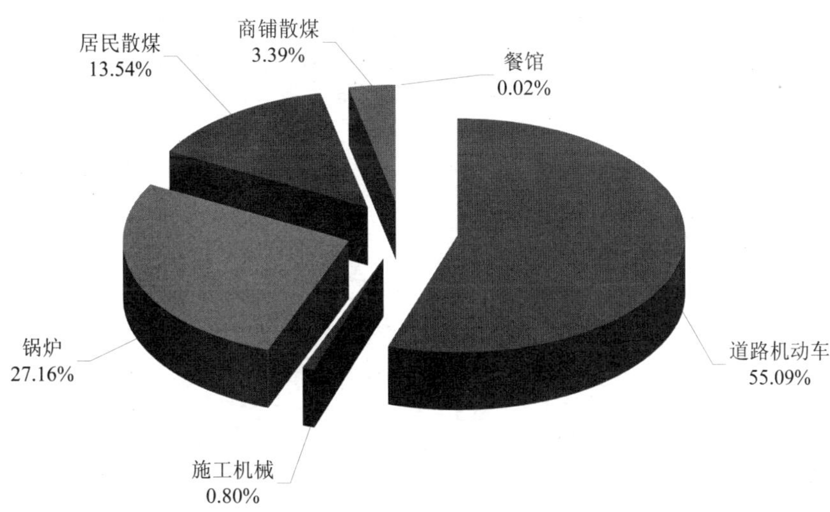

图 6-26　夏季 CO 排放源分担情况

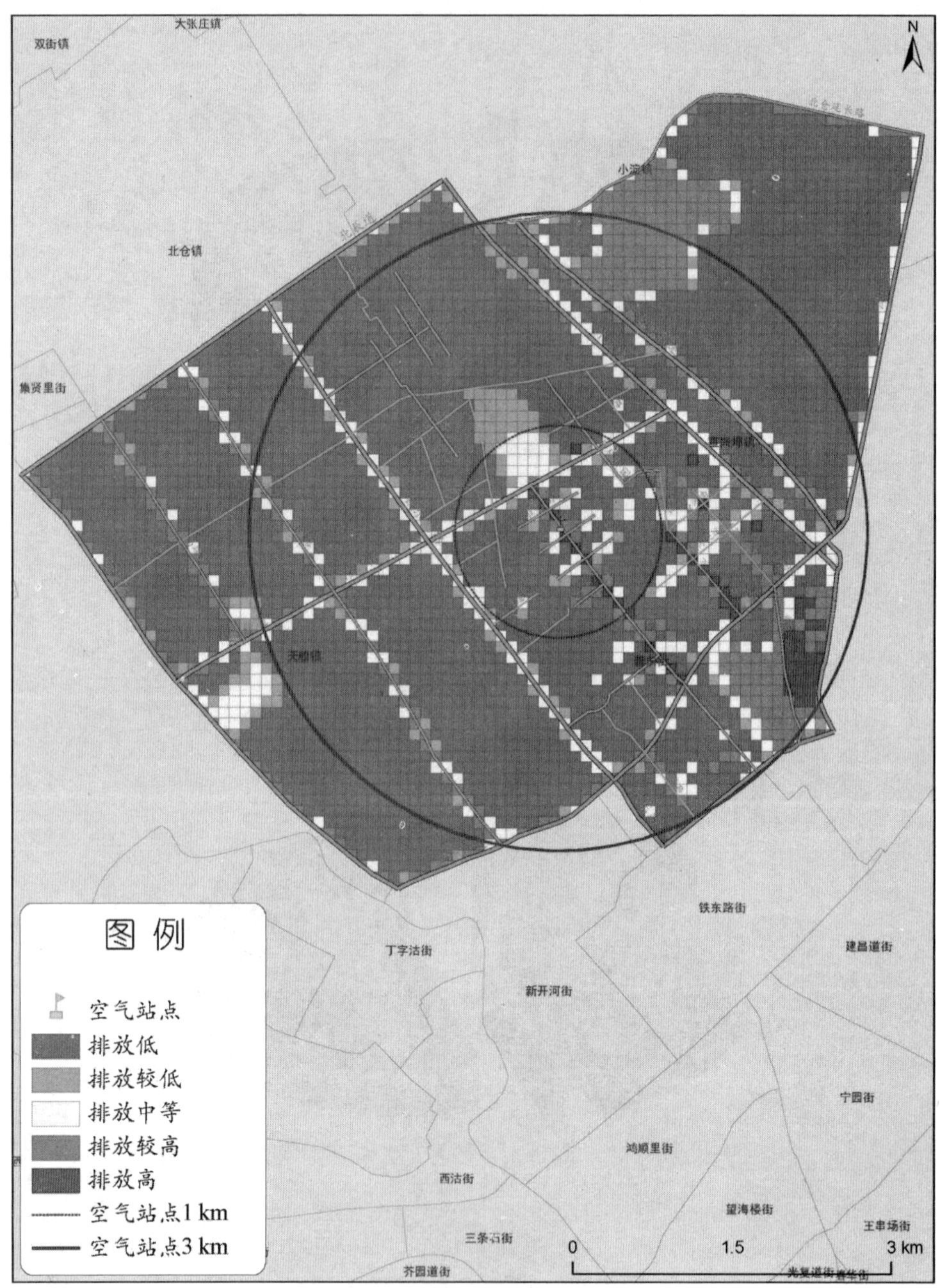

图 6-27　全年 CO 排放总量空间网格分布

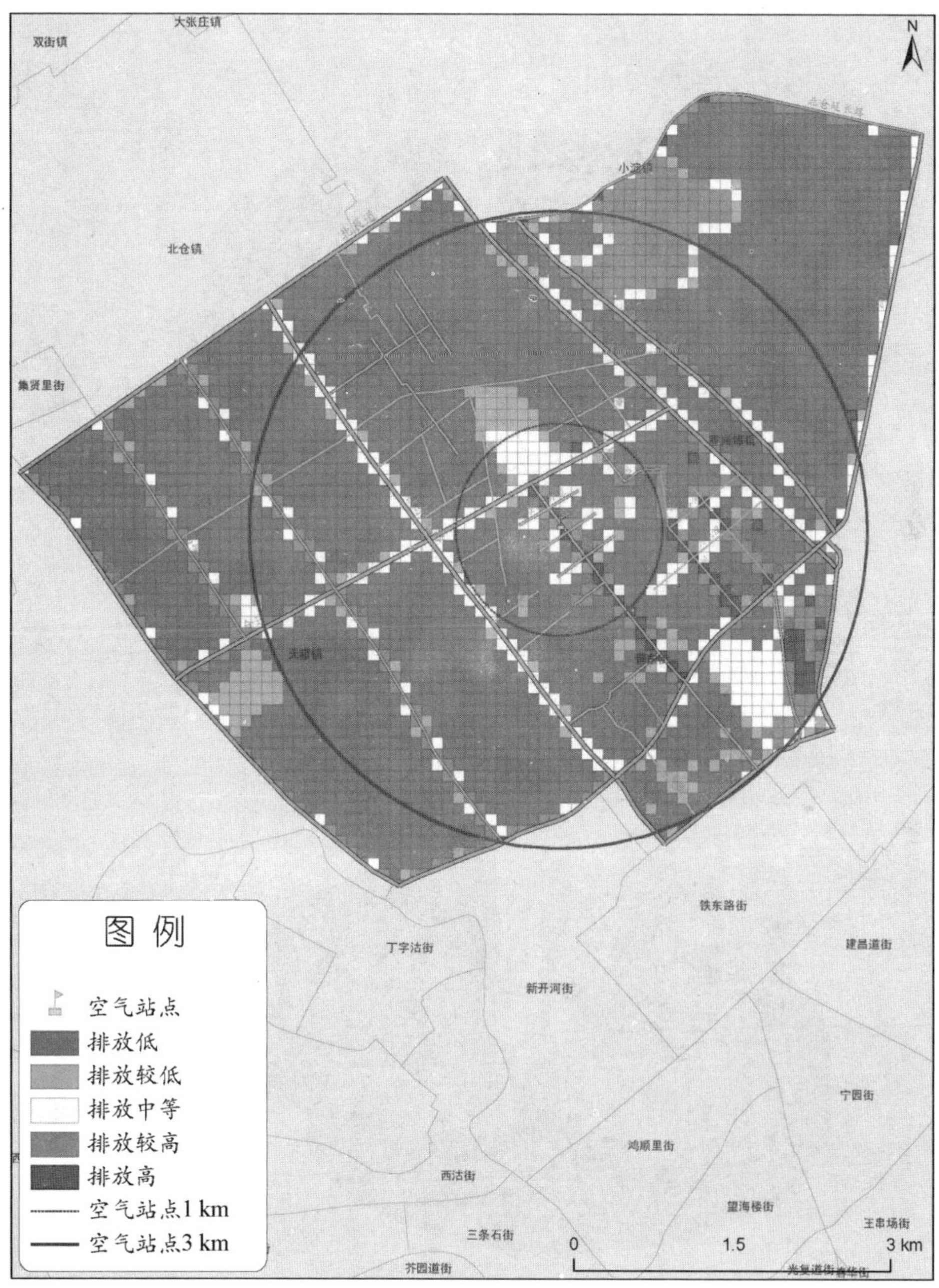

图 6-28　夏季 CO 排放总量空间网格分布

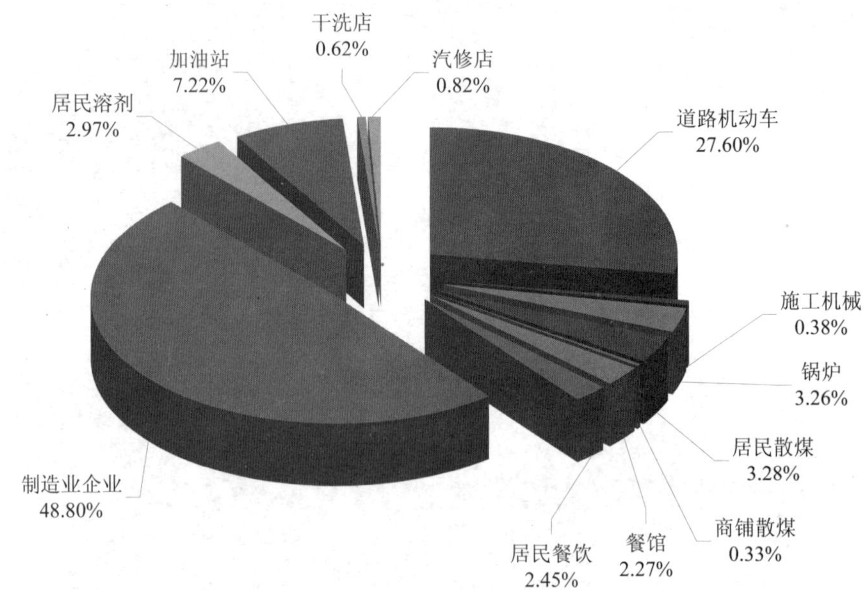

图 6-29 全年 VOCs 排放源分担情况

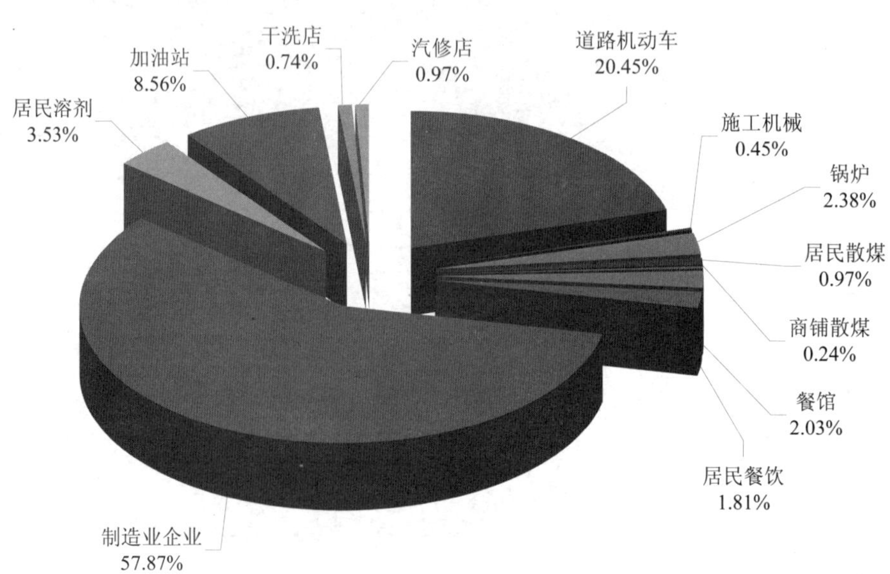

图 6-30 夏季 VOCs 排放源分担情况

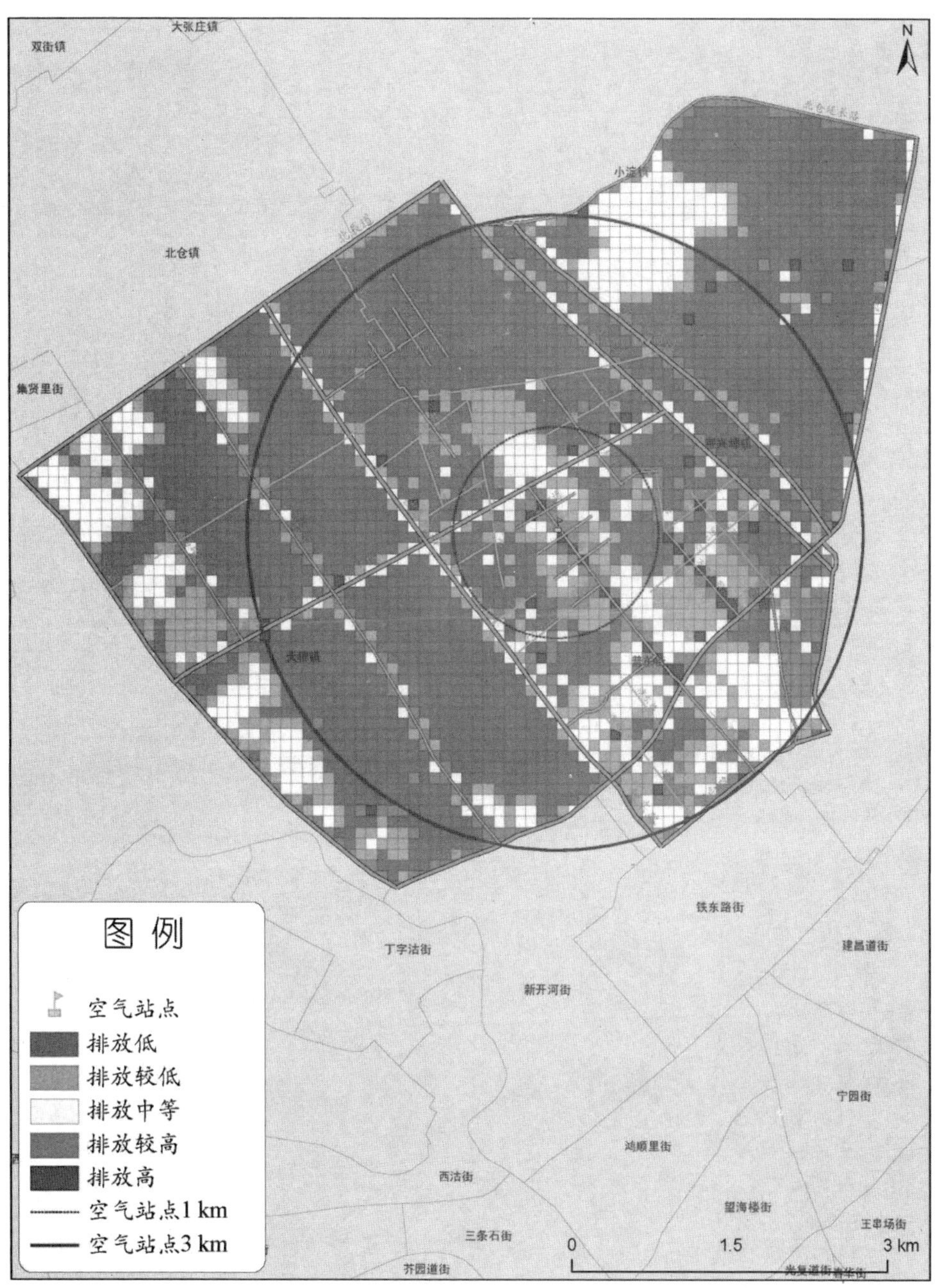

图 6-31　全年 VOCs 排放总量空间网格分布

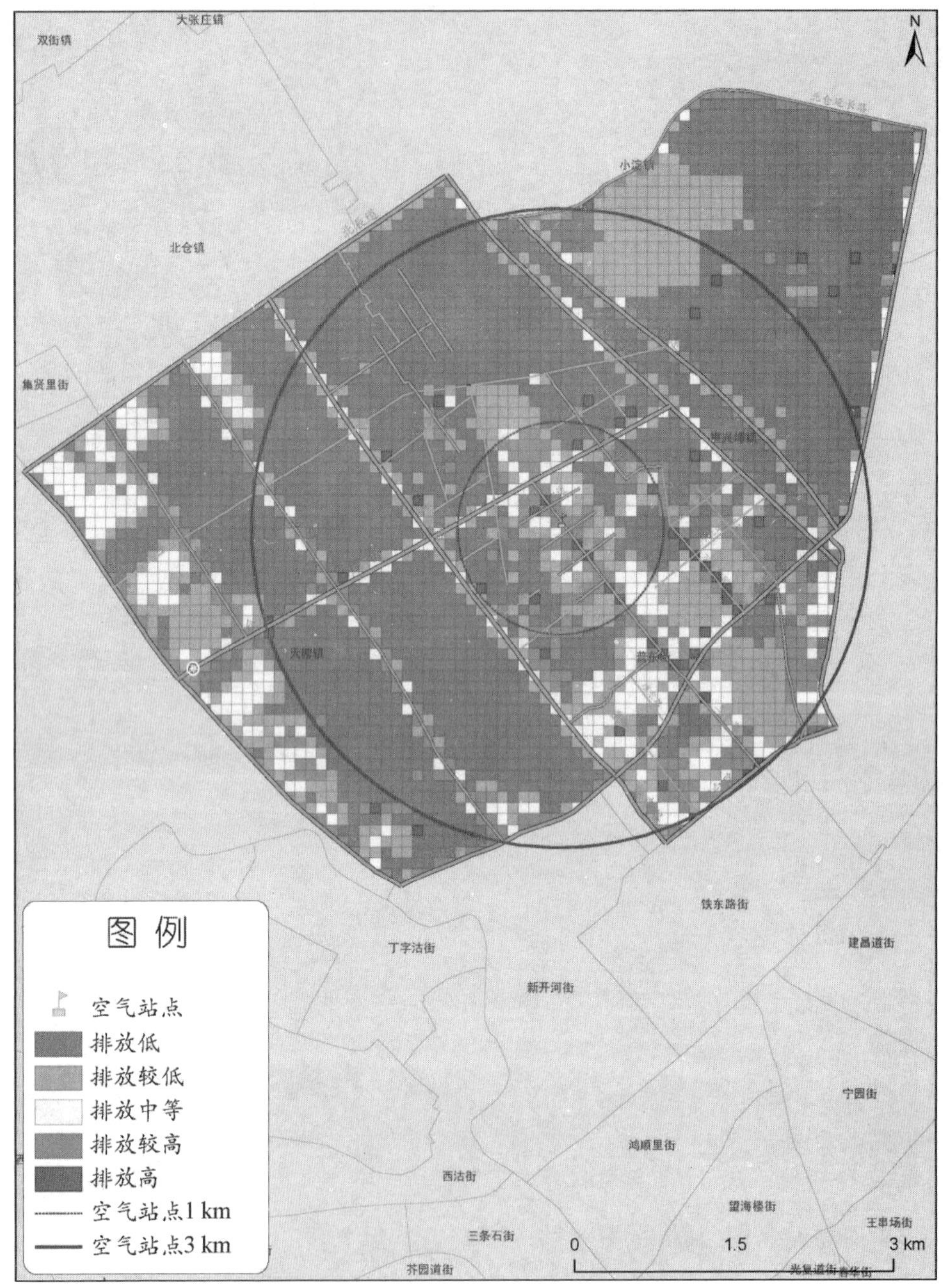

图 6-32 夏季 VOCs 排放总量空间网格分布

6.2　城镇为主区域

6.2.1　散煤燃烧

（1）界定。

本次调查的散煤燃烧主要是指集中供暖之外，用于取暖、生产的煤的燃烧，包括流动商贩、非集中供暖居民、非集中供暖商户的煤的使用。

（2）基本情况。

本次散煤燃烧的调查分为散煤点和散煤区域，散煤点主要是指商户，散煤区域主要是指非集中供暖居民区。

纳入统计的散煤点共 74 个，其中，燃煤用于取暖的有 47 个（占 63.5%），用于生产的有 27 个（占 36.5%）；年用煤总量为 219.4 t，其中，取暖用煤量为 51.34 t（占 23.4%），生产用煤 168.06 t（占 76.6%）；从煤的使用类型上来看，使用大同块的有 53 个（占 71.6%），而使用无烟煤的只有 21 个（占 28.4%）。

纳入统计的散煤区域共 14 片，涉及散煤用户 6 001 户，其中散煤用户最多的片区为新立村（2 300 户）、崔家码头（1 397 户，包含村里的商户）、宝元村（1 098 户）；年用煤总量为 14 706 t，煤的使用种类主要是无烟煤（又称环保煤）、大同块；从无烟煤的覆盖率上来看，福阳街 18.3%，丰新里 33.0%，宝元村 19.8%，崔家码头 57.5%，新立村 43.3%，无烟煤的平均覆盖率为 41.2%。

（3）排放清单。

经核算，空气站点周围 3 km 散煤 PM_{10}、$PM_{2.5}$、NO_x、SO_2、VOCs、CO 的年排放量分别为 131.60 t、102.35 t、13.58 t、117.82 t、54.78 t、2 149.26 t。

从各街道散煤燃烧排放污染物的分担率上来看，新立街散煤排放的污染物占比最大，达到了 84.11%，其次为张贵庄街，占比为 9.36%（见图 6-33）。

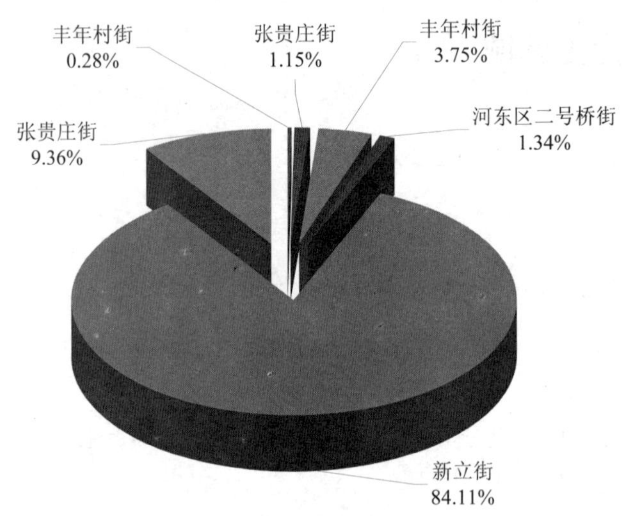

图 6-33 各街道散煤污染物排放分担率

6.2.2 锅炉

（1）界定。

本次调查的锅炉主要是指燃煤、燃油、燃气、燃生物质的锅炉，包括集中供暖锅炉和企业生产使用的锅炉。

（2）基本情况。

纳入统计的锅炉共 8 家，其中，燃煤锅炉有 7 家，燃生物质锅炉 1 家；取暖锅炉有 6 家，生产锅炉 2 家。锅炉数共 11 台（含备用锅炉），其中，燃煤锅炉 10 台，燃烧木材 1 台；取暖锅炉 8 台，生产锅炉 3 台。年燃煤量为 16 992 t，比散煤用量多 2 066.6 t；年木材使用量为 4 010 t。从锅炉的蒸吨数来看，40 蒸吨（注：指锅炉供热水平，一般用 T/h 表示）的有 2 台，20 蒸吨的 1 台，10 蒸吨的 3 台，小于 10 蒸吨的 5 台。

（3）排放清单。

经核算，空气站点 3 km 锅炉 PM_{10}、$PM_{2.5}$、NO_x、SO_2、VOCs、CO 的年排放量分别为 31.97 t、17.61 t、84.01 t、18.45 t、3.78 t、168.02 t。

从各锅炉排放污染物的分担率上来看，丽新供热站一站排放的污染物占比最大，达到了 54.16%，其次为丽新供热站二站，占比为 20.48%（见图 6-34）。

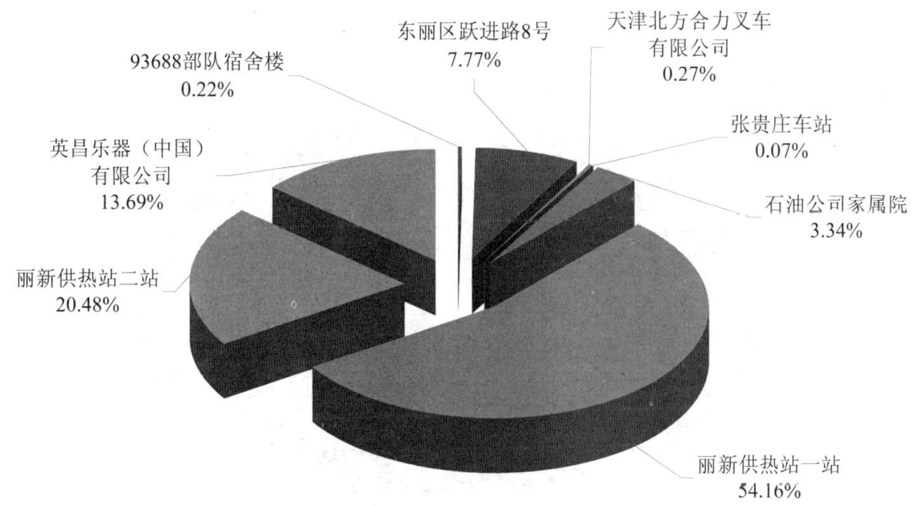

图 6-34　各锅炉污染物排放分担率

6.2.3　道路扬尘

（1）界定。

道路扬尘是指道路积尘在一定动力条件（风力、机动车碾压、人群活动等）作用下进入环境空气中形成的扬尘。

（2）基本情况。

纳入统计的道路共 25 条，其中，重要的道路主要有津塘公路、津塘二线、津滨大道、外环线、跃进路等。道路长度共计 47.16 km，津塘路、津塘公路、外环线、津滨大道、津塘二线等重要道路涉及的道路长度共计 15.09 km。年车流量共计 36 489 万辆，其中重要道路的年车流量共计 22 220 万辆。

（3）排放清单。

经核算，空气站点 3 km 道路扬尘 PM_{10}、$PM_{2.5}$ 的年排放量分别为 263.32 t、76.45 t。

从各道路排放污染物的分担率上来看，外环线排放扬尘的占比最大，达到了29.13%，其次为津塘路和津塘公路，占比分别为15.58%、13.55%（见图6-35）。

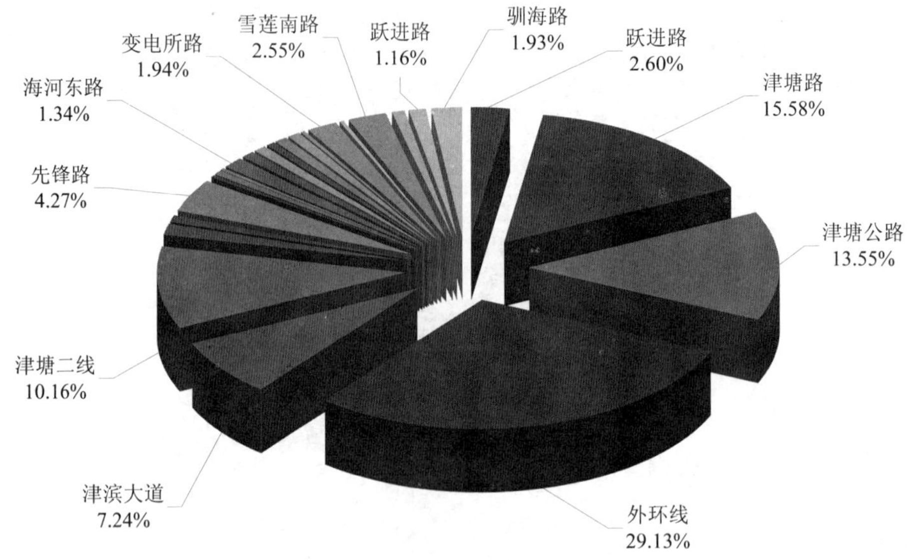

图6-35 各道路扬尘排放分担率（只显示占比大于1%的道路）

6.2.4 裸地扬尘

（1）界定。

裸地扬尘是指直接来源于裸露地面（如农田、裸露山体、滩涂、干涸的河谷、未硬化或绿化的空地等）的颗粒物在自然力或人力的作用下形成的扬尘。

（2）基本情况。

纳入统计的裸地共62处，面积共计338万m^2，其中，大于1万m^2的有26处，占比为41.9%。裸地类型主要包括荒地、农田、空地、滩涂、土堆和园林裸土。在这些裸地中，几乎没有任何控制措施的有14处，占比为22.6%，面积共计13万m^2，占整个裸地面积的3.8%。

（3）排放清单。

经核算，空气站点3 km裸地扬尘PM_{10}、$PM_{2.5}$的年排放量分别为67.58 t、

13.76 t。

从空气站点 3 km 内扬尘排放量来看，津南区双港镇年排放量最大，PM_{10} 达到了 27.33 t，$PM_{2.5}$ 达到了 5.51 t，占比达到了 40.44%；其次为万新街和河东区二号桥，占比分别达到了 20.85%和 19.15%。裸地扬尘排放最小的是张贵庄街和丰年村街，占比达到了 0.03%和 0.55%（见图 6-36）。

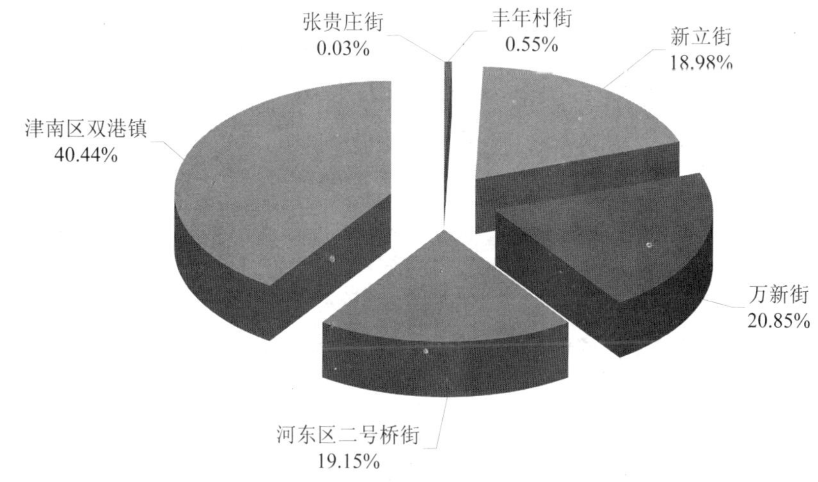

图 6-36　空气站点 3 km 内裸地扬尘排放分担率

6.2.5　工地、堆场扬尘

（1）界定。

工地扬尘是指城市市政基础设施建设、建筑物建造与拆迁、设备安装工程及装饰修缮工程等施工场所在施工过程中产生的扬尘，包括城市市政基础设施建设、建筑物建造与拆迁、设备安装工程及装饰修缮工程 4 类。

堆场扬尘是指城市各种类型和规模的堆场进行物料装卸、输送等操作过程的扬撒作用下和后续堆积存放期间在风蚀作用下产生的扬尘，主要有各种工业原料堆（如煤堆、沙石堆以及矿石堆等）、建筑原料堆（如砂石、水泥、石灰等）、工业固体废弃物（如冶炼渣、化工渣、燃煤灰渣、废矿石、尾矿和其他工业固体废物）、建筑渣土及垃圾、生活垃圾等。

（2）基本情况。

纳入统计的工地共 14 处，占地面积共 29 万 m^2。其中，正处于施工阶段的有 9 处，占地面积共计 12 万 m^2，占比为 41.4%；无防尘网等控制的有 2 个，分别是凯东大厦和利津路与津塘路交口住房建设。

纳入统计的堆场共 23 处，占地面积共计 113 240 m^2，平均高度为 3.5 m。其中，大于 1 000 m^2 的共计 8 处，合计 109 300 m^2；堆场类型主要有建筑垃圾、建筑原料、生活垃圾；未覆盖的共计 8 处，合计面积 81 390 m^2，占比为 74.5%；涉及装卸量的共三家，分别为张贵庄车站货场、天津市三建东丽分公司、三建东丽分公司院内租地企业，装卸总量为 1 042 700 t。

（3）排放清单。

经核算，空气站点 3 km 工地扬尘 PM_{10}、$PM_{2.5}$ 的年排放量分别为 43.18 t、8.81 t。其中，占比最大的街镇是新立街，比例为 93.85%；其次为丰年村街、张贵庄街，占比依次为 4.94%、1.21%（见图 6-37）。

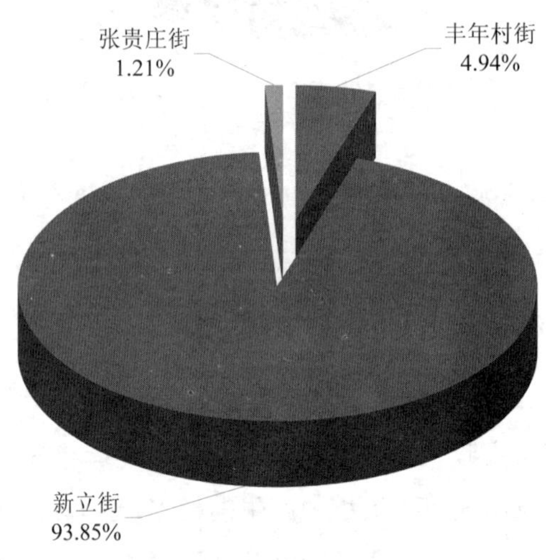

图 6-37 空气站点 3 km 内工地扬尘排放分担率

经核算，空气站点 3 km 堆场扬尘 PM_{10}、$PM_{2.5}$ 的年排放量分别为 19.20 t、5.97 t。其中，占比最大的街镇是河东区二号桥街，比例为 48.84%；其次为张贵庄街，占比为 44.78%（见图 6-38）。

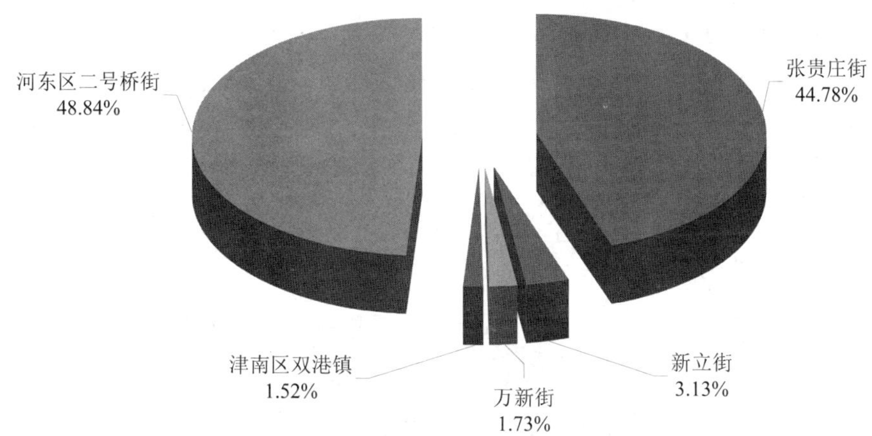

图 6-38 空气站点 3 km 内堆场扬尘排放分担率

6.2.6 机动车尾气

（1）界定。

机动车尾气指道路上行驶的交通运输设备动力燃料燃烧排放的污染物，主要包括出租车、小型客车、公交车、中型客车、大型客车、小型货车、中型货车、大型货车、三轮车和摩托车等车辆排放的尾气。

（2）基本情况。

纳入统计的道路共 25 条，其中，重要的道路主要有津塘公路、津塘二线、津滨大道、外环线、跃进路等。道路长度共计 47.16 km，津塘路、津塘公路、外环线、津滨大道、津塘二线等重要道路涉及的道路长度共计 15.09 km。出租车、小型客车、公交车、中型客车、大型客车、小型货车、中型货车、大型货车、三轮车和摩托车年车流量分别为 36 489 201 辆、186 231 444 辆、10 946 750 辆、26 868 710 辆、20 938 993 辆、51 965 528 辆、20 786 200 辆、10 393 095 辆、135 802 辆、136 289 辆。比例最大的是小型客车，占比达到了 51.04%，其次为小型货车和中型客车，比例分别为 14.24%和 7.36%（见图 6-39）。

（3）排放清单。

经核算，空气站点 3 km 内机动车尾气 CO、NO_x、SO_2、VOCs、$PM_{2.5}$、PM_{10}

的年排放量分别为 2 853.85 t、1 395.10 t、33.98 t、380.44 t、61.69 t、61.99 t。其中，占比最大的街镇是新立街，比例为 93.85%；其次为丰年村街、张贵庄街，占比依次为 4.94%、1.21%。从各道路机动车尾气排放的占比来看，污染最大的道路为外环线，占比为 20.56%，其次为津塘路、先锋路、津塘公路，占比分别为 11.00%、9.76%、9.56%（见图 6-40）。

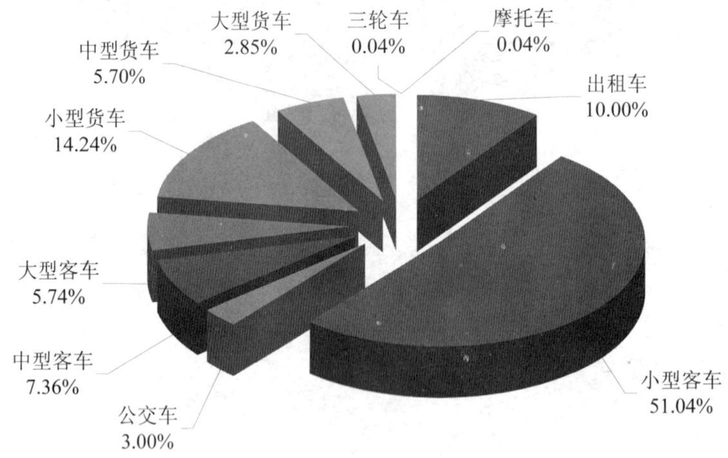

图 6-39 空气站点 3 km 内机动车车型分布

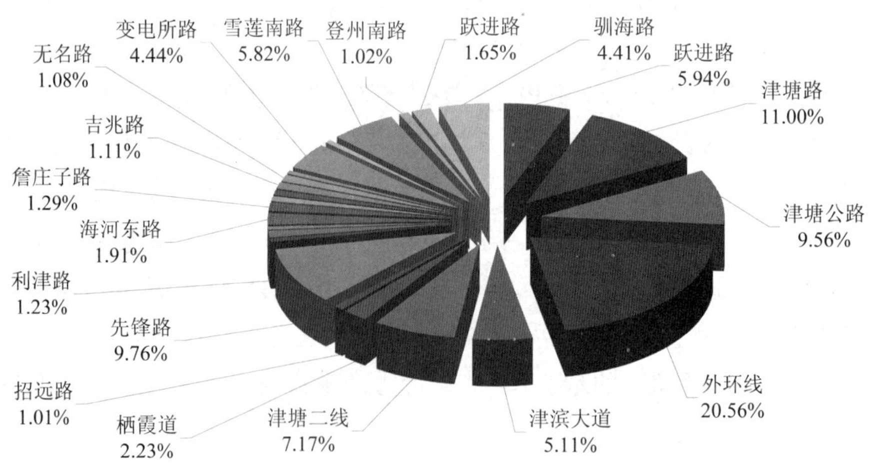

图 6-40 各道路机动车尾气排放分担率（只显示占比大于 1%的道路）

6.2.7　其他污染源

（1）餐馆。

①界定。

餐馆的污染主要是指油烟污染。

②基本情况。

纳入本次统计的餐馆共 392 家，其中较大型餐馆所占的比例为 30%。

③排放清单。

纳入统计的餐馆 VOCs、$PM_{2.5}$、PM_{10} 的年排放量分别为 10.89 t、12.44 t、15.55 t。

（2）居民餐饮。

①界定。

居民餐饮污染主要是指家庭居民做饭过程中产生的油烟污染。

②基本情况。

纳入统计的居民小区共 53 个，涉及户数 86 367 户。

③排放清单。

纳入统计的居民小区餐饮 VOCs、$PM_{2.5}$、PM_{10} 的年排放量分别为 31.34 t、35.82 t、44.77 t。

（3）加油站、干洗店、喷涂汽修店。

①界定。

加油站、干洗店、喷涂汽修店在营业过程会排放 VOCs。

②基本情况。

纳入本次统计的加油站共 5 个、干洗店 14 个、喷涂汽修店 5 个。

③排放清单。

纳入本次统计的加油站、干洗店、喷涂汽修店 VOCs 的年排放量分别为 6.58 t、1.40 t、0.17 t。

（4）居民溶剂使用。

①界定。

居民溶剂污染主要是指洗衣液、洗涤剂、洗手液等家庭有机溶剂的使用过程中排放的 VOCs。

②基本情况。

纳入统计的居民小区共 53 个，涉及户数 86 367 户。

③排放清单。

纳入统计的居民小区溶剂使用 VOCs 的年排放量为 7.60 t。

6.2.8 污染源排放总量

（1）全年污染源排放总量。

①排放清单。

表 6-3 是东丽区空气站点（东丽区空气站点位于跃进路，本小节中均简称为“空气站点”）周边 3 km 全年污染源排放清单。由表 6-3 可知，东丽区空气站点周边 3 km 范围内全年污染物排放总量为：PM_{10} 679.16 t、$PM_{2.5}$ 334.90 t、SO_2 170.25 t、NO_x 1 492.69 t、CO 5 171.13 t、VOCs 496.98 t。

表 6-3 东丽区空气站点周边 3 km 全年污染源排放清单 单位：t

污染源＼污染物	PM_{10}	$PM_{2.5}$	SO_2	NO_x	CO	VOCs
散煤	131.60	102.35	117.82	13.58	2 149.26	54.78
锅炉	31.97	17.61	18.45	84.01	168.02	3.78
道路扬尘	263.32	76.45				
裸地	67.58	13.76				
工地	43.18	8.81				
堆场	19.20	5.97				
机动车	61.99	61.69	33.98	1 395.10	2 853.85	380.44
餐馆	15.55	12.44				10.89
居民餐饮	44.77	35.82				31.34
加油站						6.58
干洗店						1.40
汽修店						0.17
居民溶剂使用						7.60
总计	679.16	334.90	170.25	1 492.69	5 171.13	496.98

②PM_{10} 排放特征。

东丽区空气站点 3 km PM_{10} 的全年排放主要来自道路扬尘、散煤、裸地，分担率分别为 38.77%、19.38%、9.95%（见图 6-41）；从空间分布来看，主要分布在外环线、津塘路、津塘公路、津塘二线、津滨大道等主要道路以及崔家码头村、张贵庄货场、民和巷 A 地块一期施工工地（见图 6-42）。

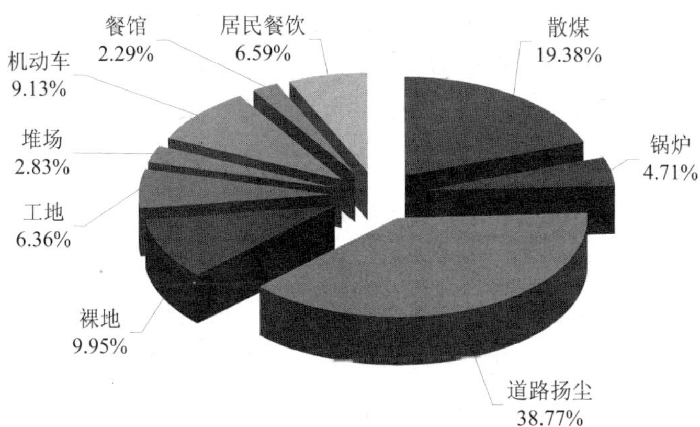

图 6-41　全年 PM_{10} 排放源分担情况

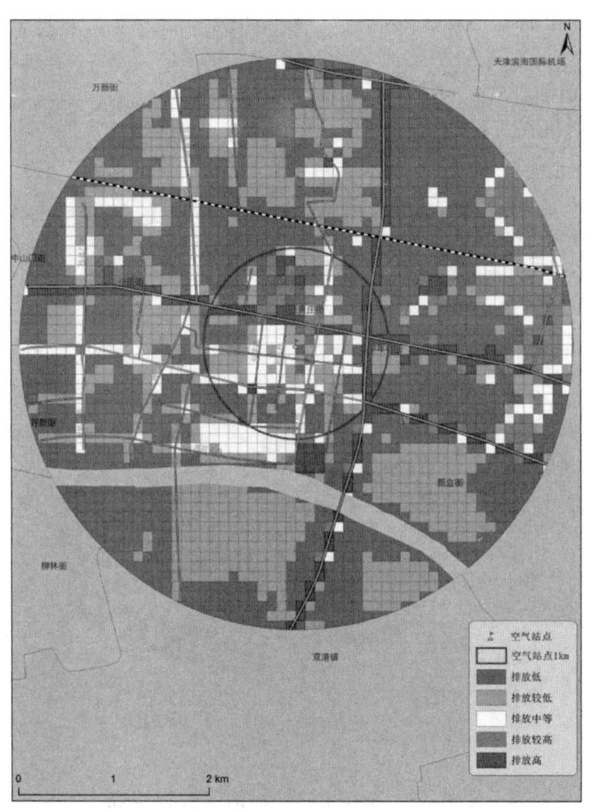

图 6-42　全年 PM_{10} 排放总量空间网格分布

③$PM_{2.5}$排放特征。

空气站点 3 km $PM_{2.5}$的全年排放主要来自散煤、道路扬尘、机动车，分担率分别为 30.56%、22.83%、18.42%（见图 6-43）；从空间分布来看，主要分布在外环线、津塘路、津塘公路、津塘二线、津滨大道等主要道路以及崔家码头村、新立村、宝云村等散煤使用村庄（见图 6-44）。

④SO_2排放特征。

空气站点 3 km SO_2的全年排放主要来自散煤、机动车和锅炉，分担率分别为 69.20%、19.96%、10.84%（见图 6-45）；从空间分布来看，主要分布在崔家码头村、新立村、宝云村等散煤使用村庄（见图 6-46）。

⑤NO_x排放特征。

空气站点 3 km NO_x的全年排放主要来自机动车、锅炉和散煤，分担率分别为 93.46%、5.63%、0.91%（见图 6-47）；从空间分布来看，主要分布在外环线、津塘路、津塘公路和津塘二线（见图 6-48）。

⑥CO 排放特征。

空气站点 3 km CO 的全年排放主要来自机动车、散煤和锅炉，分担率分别为 55.19%、41.56%、3.25%（见图 6-49）；从空间分布来看，主要分布在外环线、津塘路、津塘公路、津塘二线等主要道路以及崔家码头、永平巷、新立村、宝元村等散煤使用村庄（见图 6-50）。

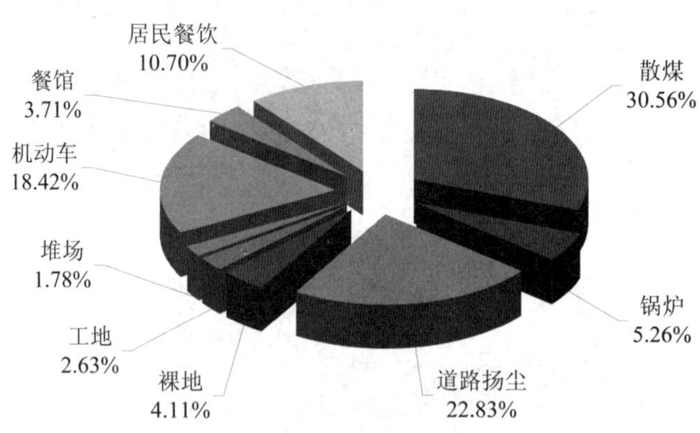

图 6-43 全年 $PM_{2.5}$排放源分担情况

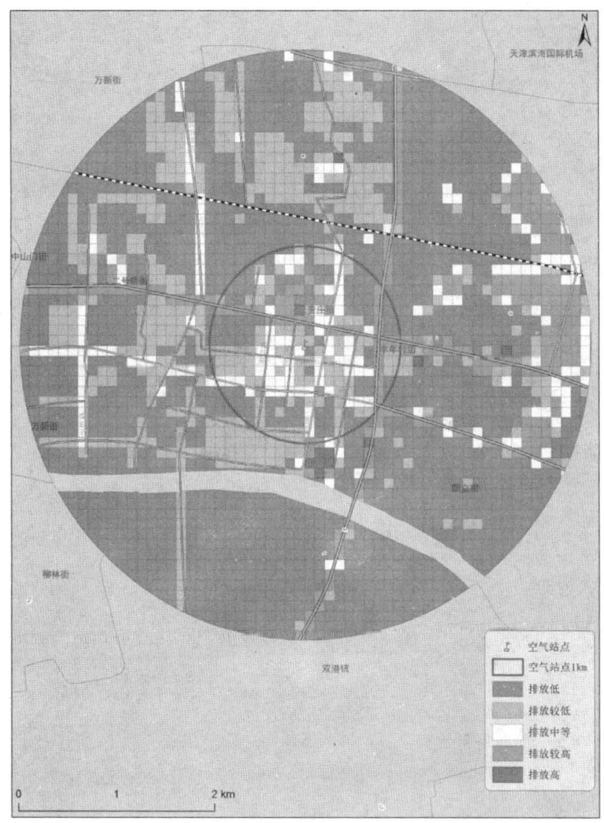

图 6-44　全年 $PM_{2.5}$ 排放总量空间网格分布

图 6-45　全年 SO_2 排放源分担情况

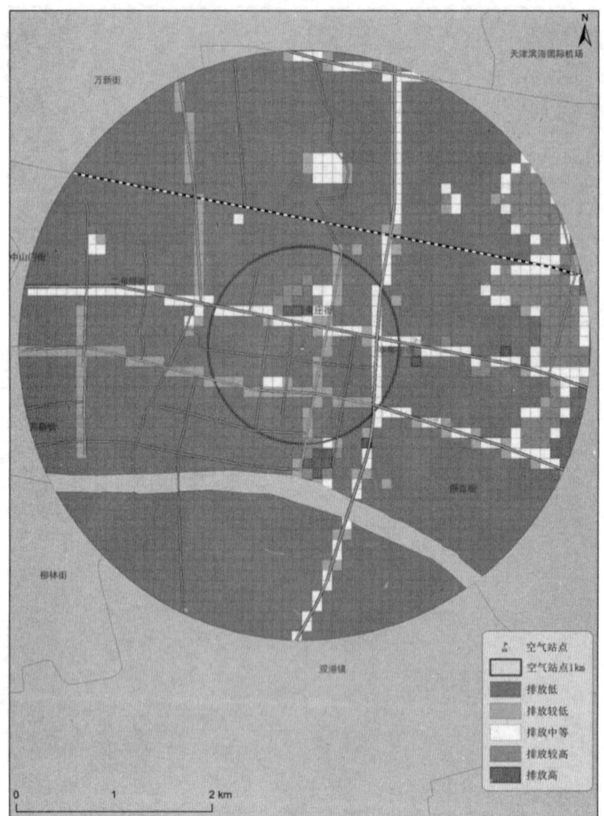

图 6-46　全年 SO_2 排放总量空间网格分布

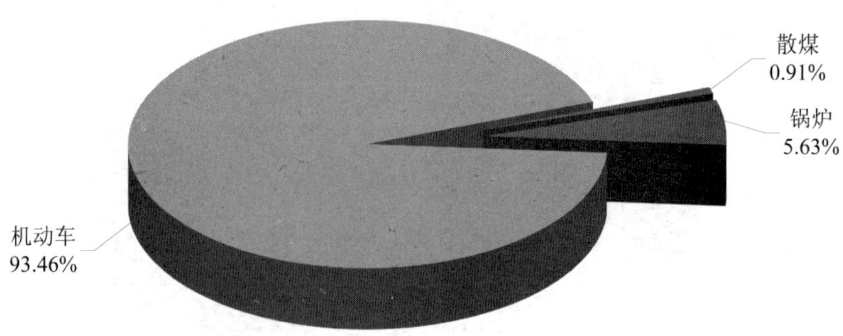

图 6-47　全年 NO_x 排放源分担情况

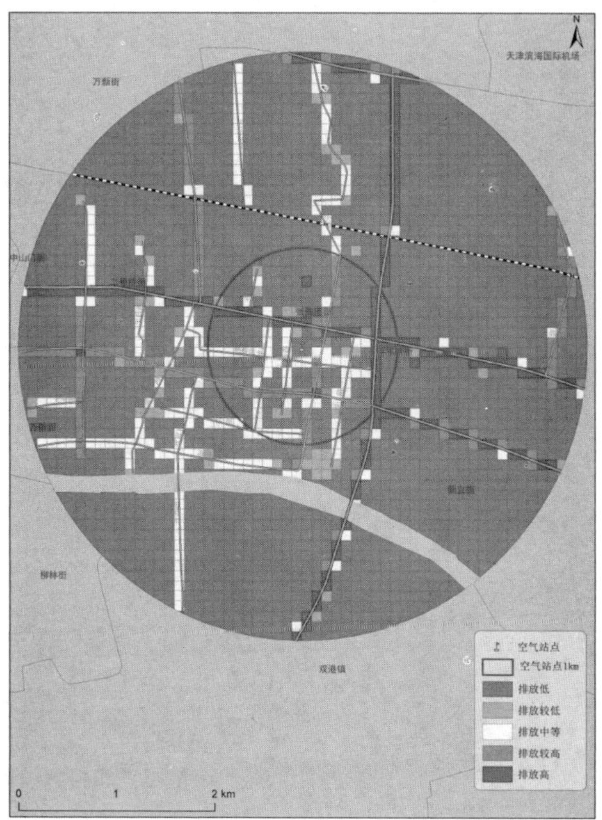

图 6-48　全年 NO_x 排放总量空间网格分布

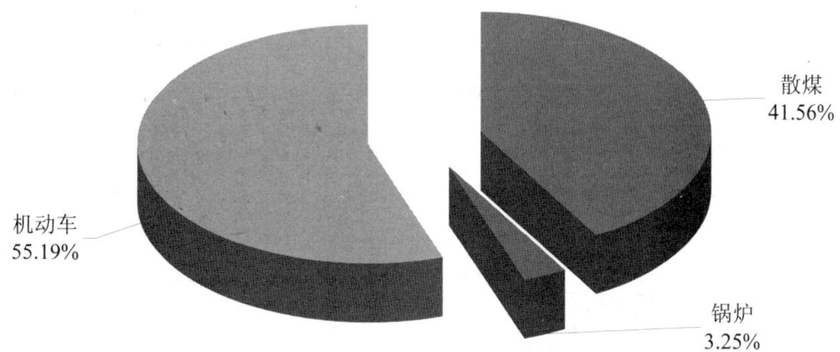

图 6-49　全年 CO 排放源分担情况

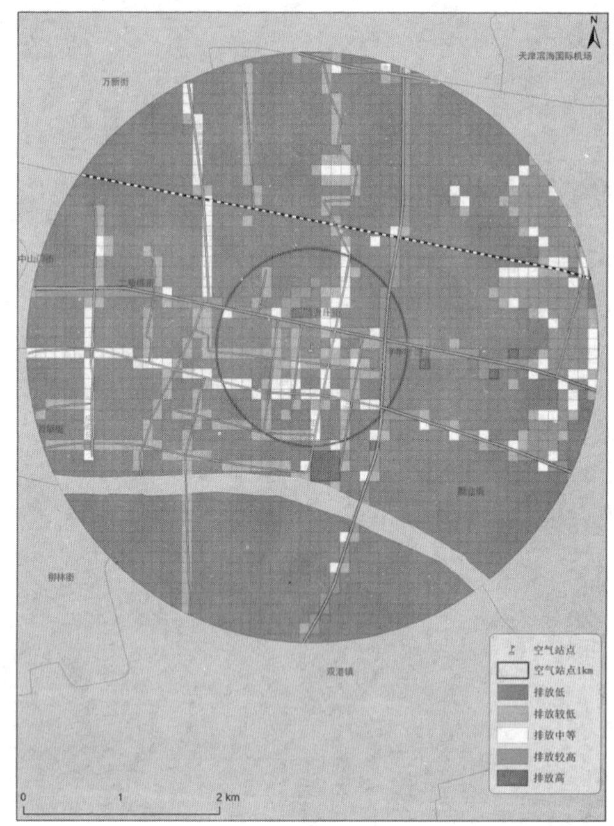

图 6-50　全年 CO 排放总量空间网格分布

⑦VOCs 排放特征。

空气站点 3 km VOCs 的全年排放主要来自机动车、散煤和居民餐饮，分担率分别为 76.55%、11.02%、6.31%（见图 6-51）；从空间分布来看，主要分布在外环线、津塘路、津塘公路、津塘二线等主要道路（见图 6-52）。

（2）采暖期污染源排放总量。

①排放清单。

采暖期指北方城市冬季取暖期，包括 11 月、12 月、1 月、2 月、3 月，表 6-4 是东丽区空气站点周边 3 km 采暖期污染源排放清单，由表 6-4 可知，东丽区空气站点周边 3 km 范围内采暖期污染物排放总量为：PM_{10} 347.18 t、$PM_{2.5}$ 192.26 t、SO_2 144.01 t、NO_x 545.75 t、CO 3 218.90 t、VOCs 203.54 t。

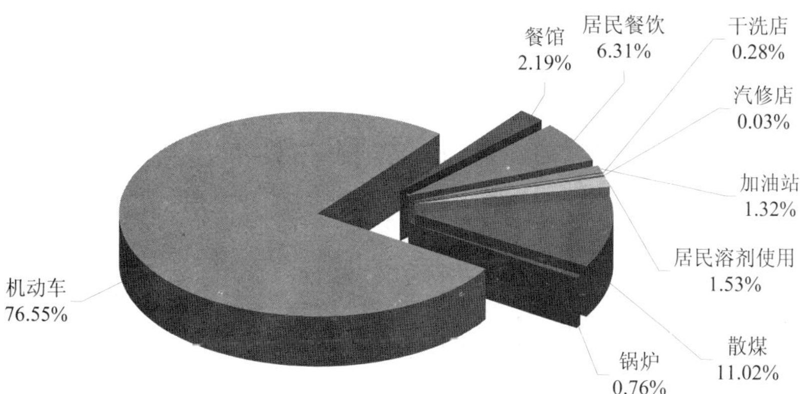

图 6-51　全年 VOCs 排放源分担情况

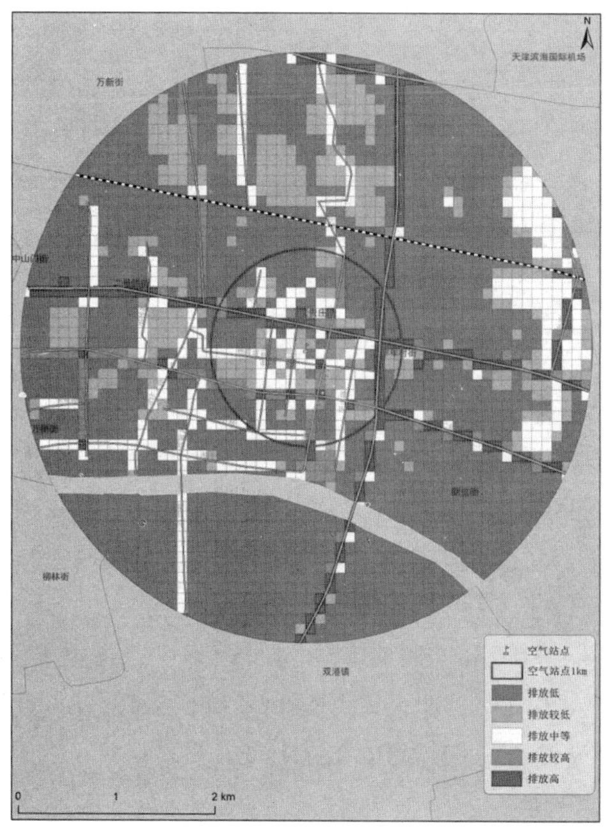

图 6-52　全年 VOCs 排放总量空间网格分布

表 6-4 东丽区空气站周边 3 km 采暖期污染源排放清单 单位：t

污染源＼污染物	PM_{10}	$PM_{2.5}$	SO_2	NO_x	CO	VOCs
散煤	130.61	101.58	116.94	13.48	2 133.13	54.37
锅炉	27.40	15.09	15.74	67.24	134.49	3.03
道路扬尘	87.77	25.48				
裸地	36.02	7.34				
工地	14.39	2.94				
堆场	10.23	3.18				
机动车	20.66	20.56	11.33	465.03	951.28	126.81
餐馆	5.18	4.15				3.63
居民餐饮	14.92	11.94				10.45
加油站						2.19
干洗店						0.47
汽修店						0.06
居民溶剂使用						2.53
总计	347.18	192.26	144.01	545.75	3 218.90	203.54

②PM_{10}排放特征。

空气站点 3 km PM_{10}的采暖期排放主要来自散煤、道路扬尘、裸地，分担率分别为 37.62%、25.28%、10.38%（见图 6-53）；从空间分布来看，主要分布在崔家码头村、新立村、宝元村、三聚里、永平巷等散煤使用村庄（见图 6-54）。

③$PM_{2.5}$排放特征。

空气站点 3 km $PM_{2.5}$的采暖期排放主要来自散煤、道路扬尘、机动车，分担率分别为 52.83%、13.25%、10.69%（见图 6-55）；从空间分布来看，主要分布在崔家码头村、新立村、宝元村等散煤使用村庄（见图 6-56）。

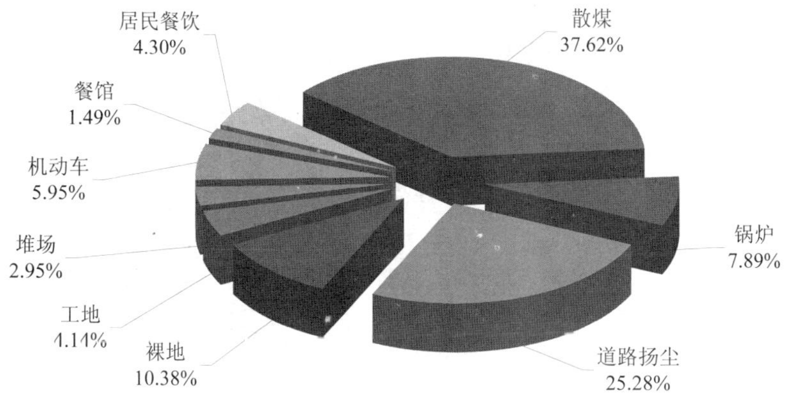

图 6-53　采暖期 PM_{10} 排放源分担情况

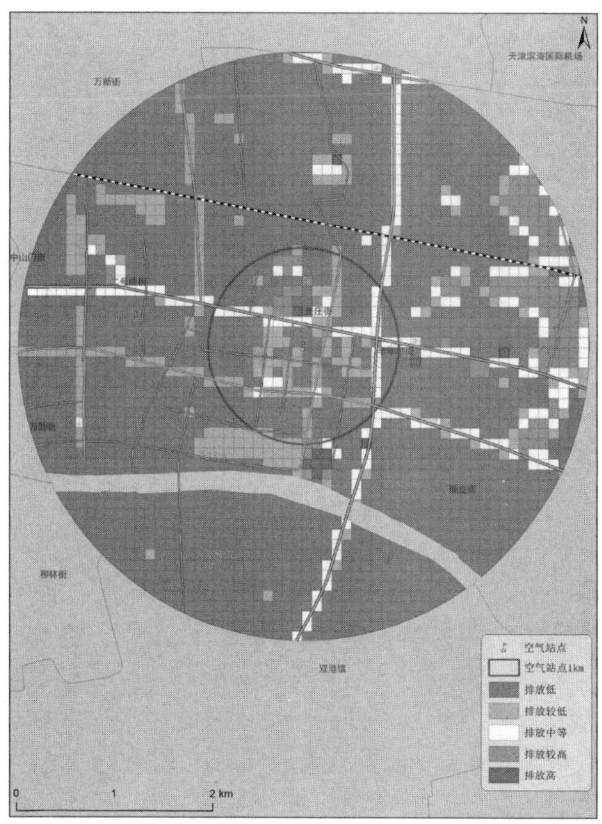

图 6-54　采暖期 PM_{10} 排放总量空间网格分布

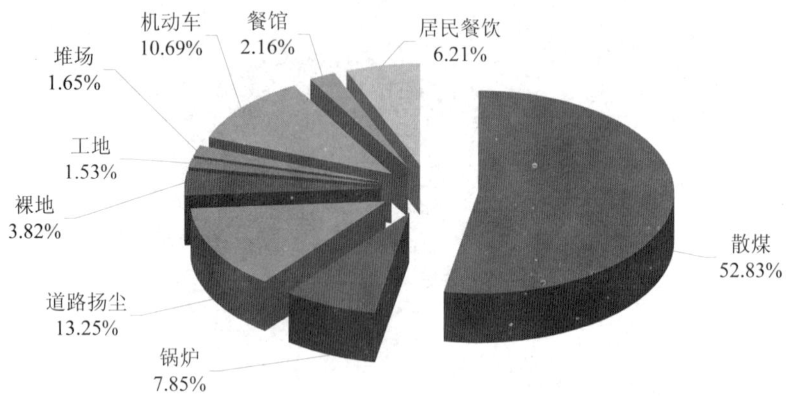

图 6-55 采暖期 $PM_{2.5}$ 排放源分担情况

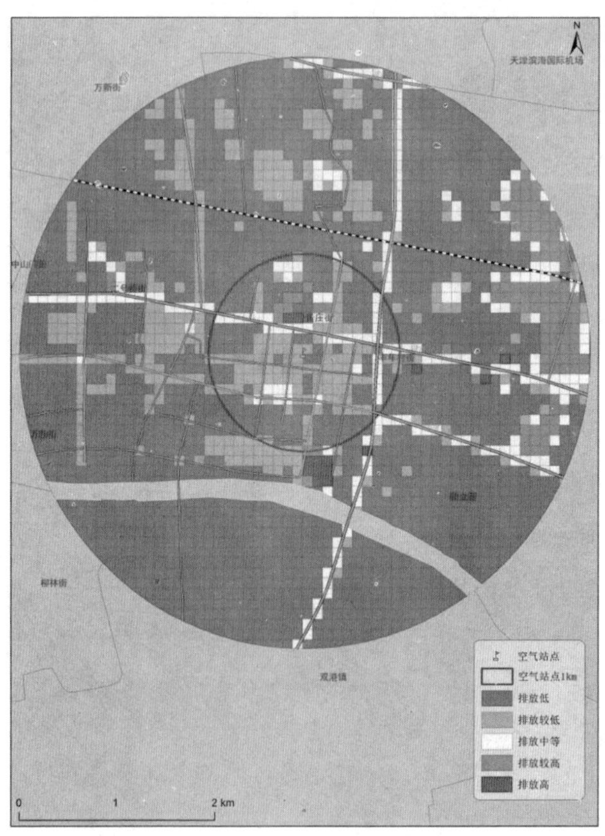

图 6-56 采暖期 $PM_{2.5}$ 排放总量空间网格分布

④SO_2 排放特征。

空气站点 3 km SO_2 的采暖期排放主要来自散煤、锅炉和机动车，分担率分别为 81.20%、10.93%、7.87%（见图 6-57）；从空间分布来看，主要分布在崔家码头村、新立村、宝元村等散煤使用村庄（见图 6-58）。

⑤NO_x 排放特征。

空气站点 3 km NO_x 的采暖期排放主要来自机动车、锅炉和散煤，分担率分别为 85.21%、12.32%、2.47%（见图 6-59）；从空间分布来看，主要分布在外环线、津塘路、津塘公路和津塘二线（见图 6-60）。

⑥CO 排放特征。

空气站点 3 km CO 的采暖期排放主要来自散煤、机动车和锅炉，分担率分别为 66.27%、29.55%、4.18%（见图 6-61）；从空间分布来看，主要分布在崔家码头、永平巷、新立村、宝元村等散煤使用村庄（见图 6-62）。

⑦VOCs 排放特征。

空气站点 3 km VOCs 的采暖期排放主要来自机动车、散煤和居民餐饮，分担率分别为 62.30%、26.71%、5.13%（见图 6-63）；从空间分布来看，主要分布在外环线、津塘路、津塘公路、津塘二线等主要道路（见图 6-64）。

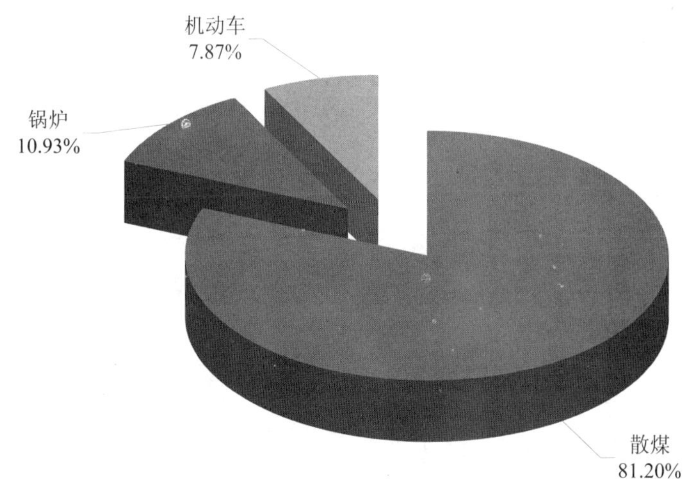

图 6-57　采暖期 SO_2 排放源分担情况

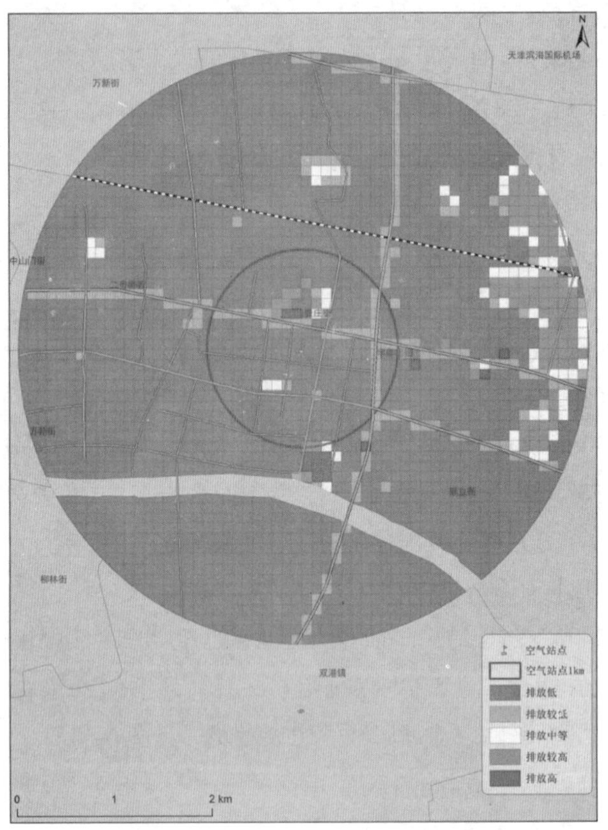

图 6-58　采暖期 SO_2 排放总量空间网格分布

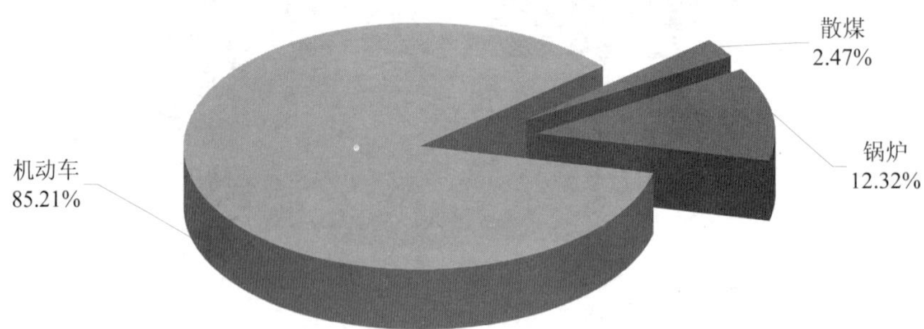

图 6-59　采暖期 NO_x 排放源分担情况

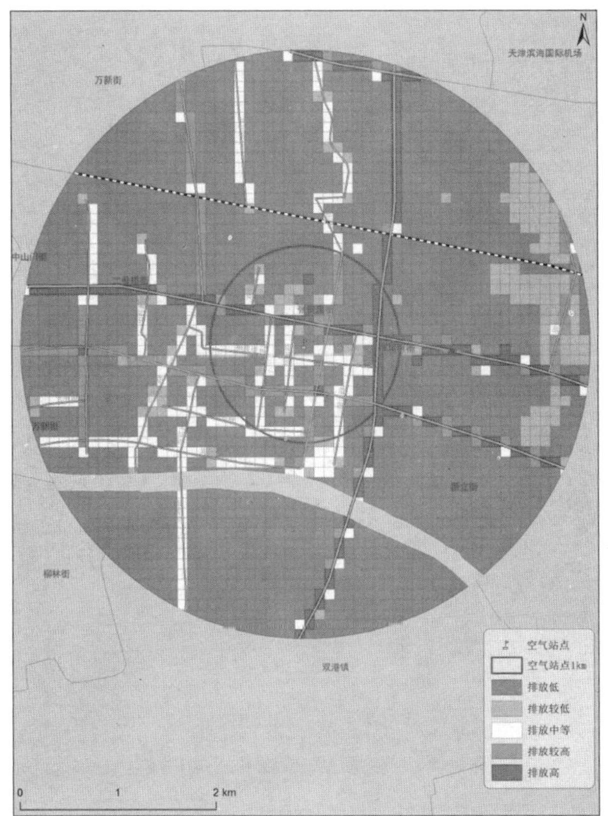

图 6-60　采暖期 NO_x 排放总量空间网格分布

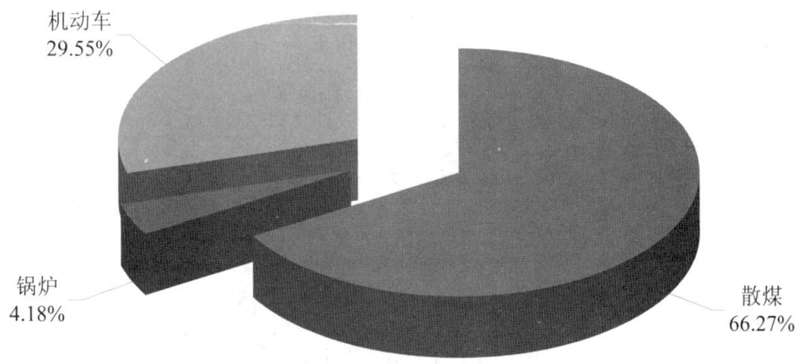

图 6-61　采暖期 CO 排放源分担情况

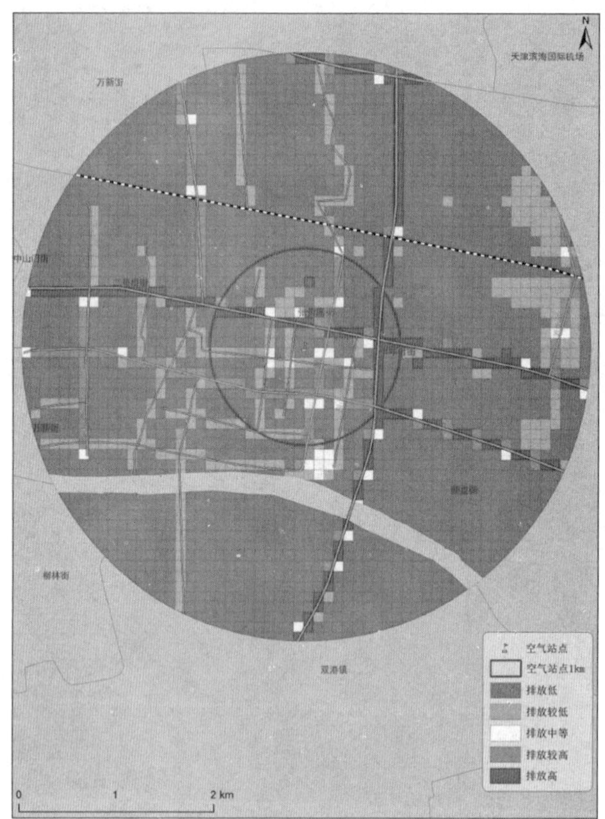

图 6-62 采暖期 CO 排放总量空间网格分布

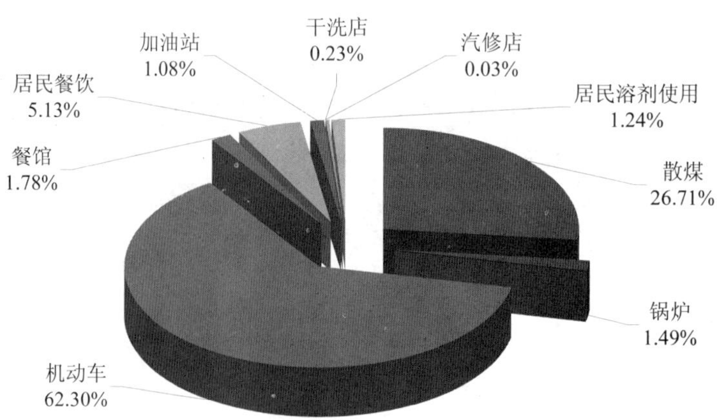

图 6-63 采暖期 VOCs 排放源分担情况

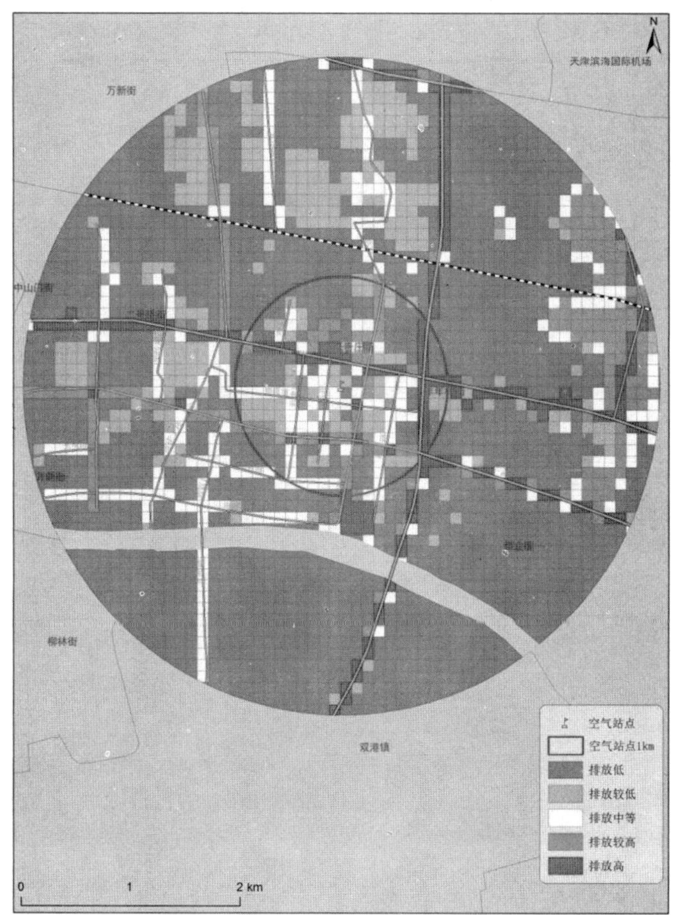

图 6-64　采暖期 VOCs 排放总量空间网格分布

（3）风沙季污染源排放总量。

①排放清单。

风沙季是指春天易产生沙尘暴的月份，一般指 3 月、4 月、5 月，表 6-5 是东丽区空气站点周边 3 km 风沙季污染源排放清单。由表 6-5 可知，东丽区空气站点周边 3 km 范围内风沙季污染物排放总量为：PM_{10} 143.97 t、$PM_{2.5}$ 57.91 t、SO_2 9.84 t、NO_x 355.11 t、CO 732.08 t、VOCs 110.03 t。

表 6-5 东丽区空气站点周边 3 km 风沙季污染源排放清单 单位：t

污染源＼污染物	PM_{10}	$PM_{2.5}$	SO_2	NO_x	CO	VOCs
散煤	0.37	0.29	0.33	0.04	6.05	0.15
锅炉	1.72	0.94	1.02	6.29	12.57	0.28
道路扬尘	65.83	19.11				
裸地	27.01	5.50				
工地	10.79	2.20				
堆场	7.67	2.39				
机动车	15.50	15.42	8.49	348.78	713.46	95.11
餐馆	3.89	3.11				2.72
居民餐饮	11.19	8.95				7.84
加油站						1.64
干洗店						0.35
汽修店						0.04
居民溶剂使用						1.90
总计	143.97	57.91	9.84	355.11	732.08	110.03

②PM_{10} 排放特征。

空气站点 3 km PM_{10} 的风沙季排放主要来自道路扬尘、裸地、机动车，分担率分别为 45.72%、18.76%、10.76%（见图 6-65）；从空间分布来看，主要分布在张贵庄货场、民和巷 A 地块一期施工工以及沿海河两岸的裸地（见图 6-66）。

③$PM_{2.5}$ 排放特征。

空气站点 3 km $PM_{2.5}$ 的风沙季排放主要来自道路扬尘、机动车、居民餐饮，分担率分别为 33.00%、26.63%、15.46%（见图 6-67）；从空间分布来看，主要分布在外环线、津塘路、津塘公路以及津塘二线等主要道路上（见图 6-68）。

④SO_2 排放特征。

空气站点 3 km SO_2 的风沙季排放主要来自机动车、锅炉和散煤，分担率分别为 86.28%、10.37%、3.35%（见图 6-69）；从空间分布来看，主要分布在外环线、津塘路、津塘公路和津塘二线等主要道路上（见图 6-70）。

⑤NO_x 排放特征。

空气站点 3 km NO_x 的风沙季排放主要来自机动车、锅炉和散煤，分担率分别为 98.22%、1.77%、0.01%（见图 6-71）；从空间分布来看，主要分布在外环线、津塘路、津塘公路和津塘二线（见图 6-72）。

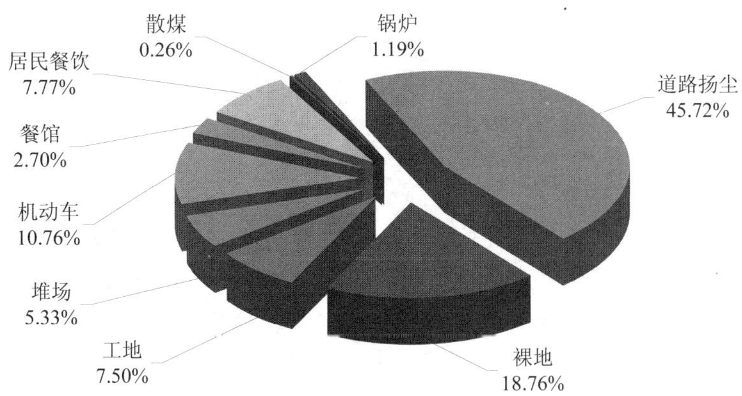

图 6-65　风沙季 PM_{10} 排放源分担情况

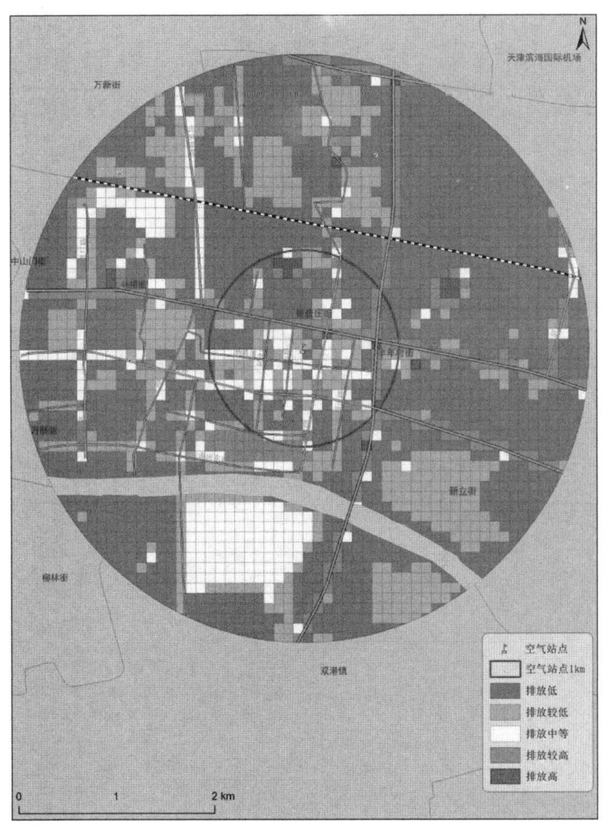

图 6-66　风沙季 PM_{10} 排放总量空间网格分布

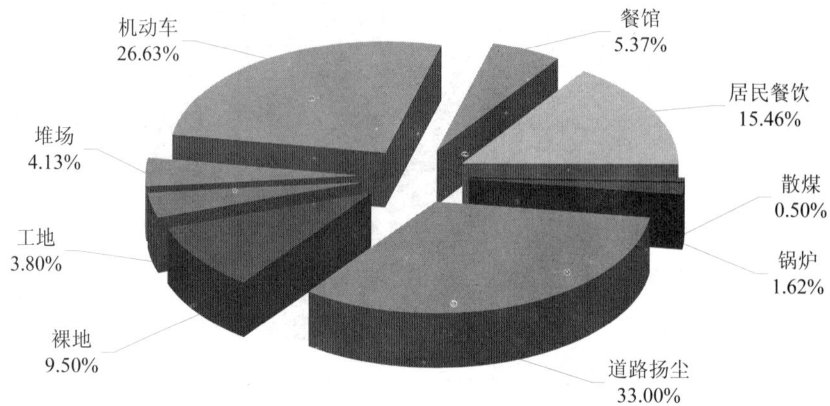

图 6-67 风沙季 $PM_{2.5}$ 排放源分担情况

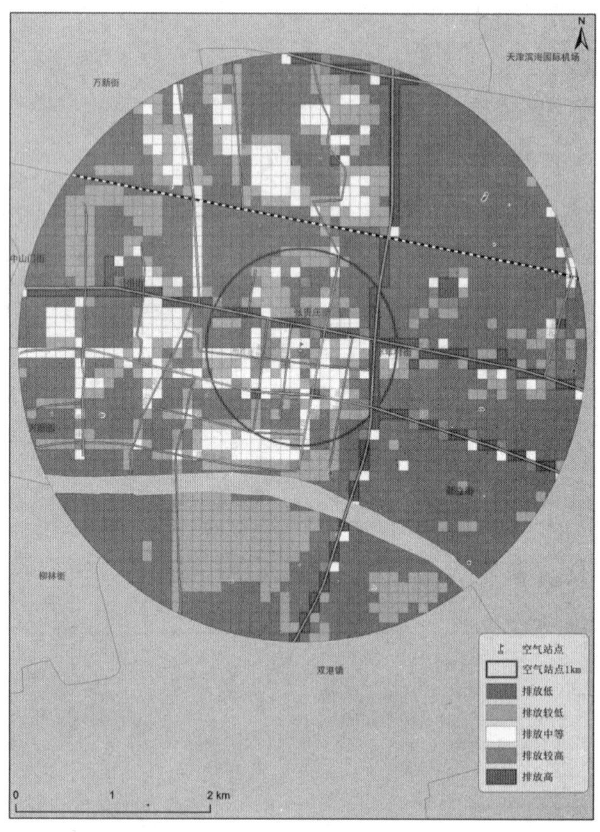

图 6-68 风沙季 $PM_{2.5}$ 排放总量空间网格分布

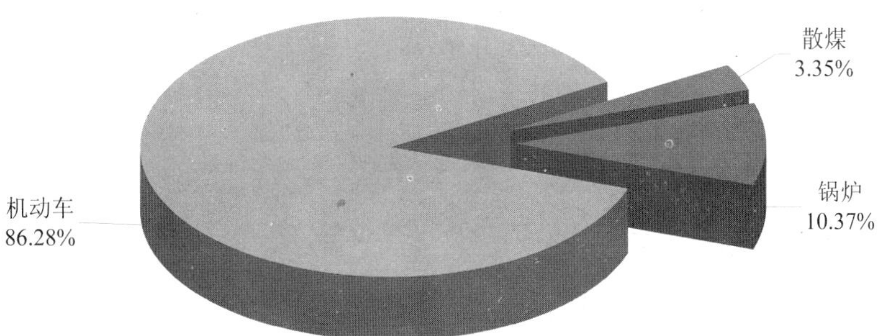

图 6-69　风沙季 SO_2 排放源分担情况

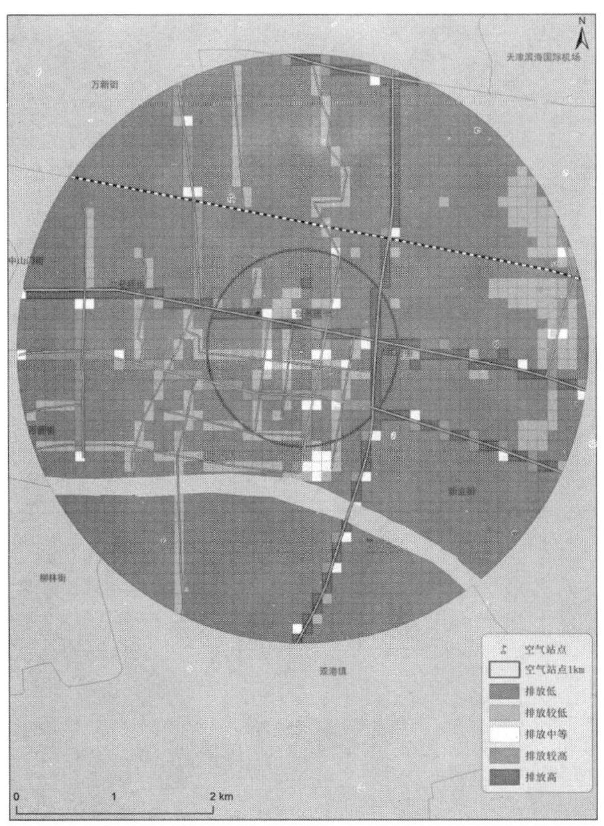

图 6-70　风沙季 SO_2 排放总量空间网格分布

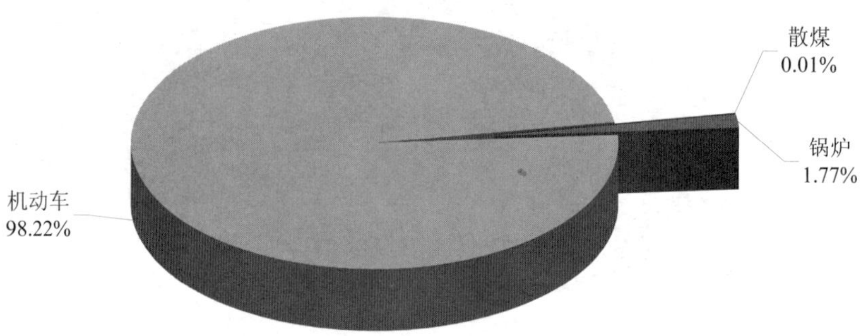

图 6-71　风沙季 NO_x 排放源分担情况

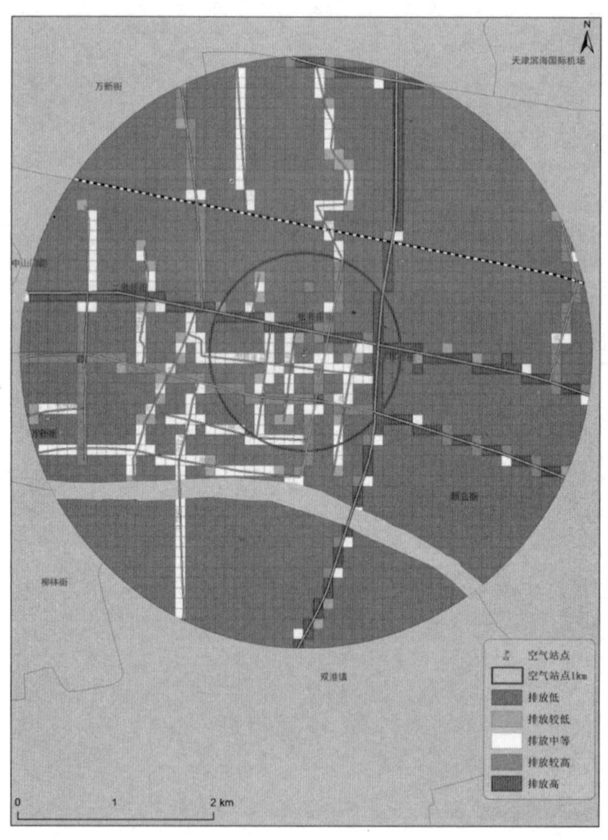

图 6-72　风沙季 NO_x 排放总量空间网格分布

⑥CO 排放特征。

空气站点 3 km CO 的风沙季排放主要来自机动车、锅炉和散煤，分担率分别为 97.45%、1.72%、0.83%（见图 6-73）；从空间分布来看，主要分布在外环线、津塘路、津塘公路、津塘二线等主要道路（见图 6-74）。

⑦VOCs 排放特征。

空气站点 3 km VOCs 的风沙季排放主要来自机动车、居民餐饮和餐饮店，分担率分别为 86.43%、7.12%、2.47%（见图 6-75）；从空间分布来看，主要分布在外环线、津塘路、津塘公路、津塘二线等主要道路（见图 6-76）。

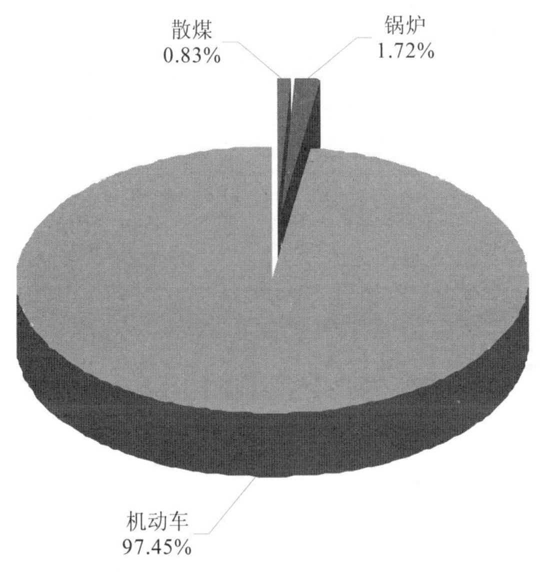

图 6-73　风沙季 CO 排放源分担情况

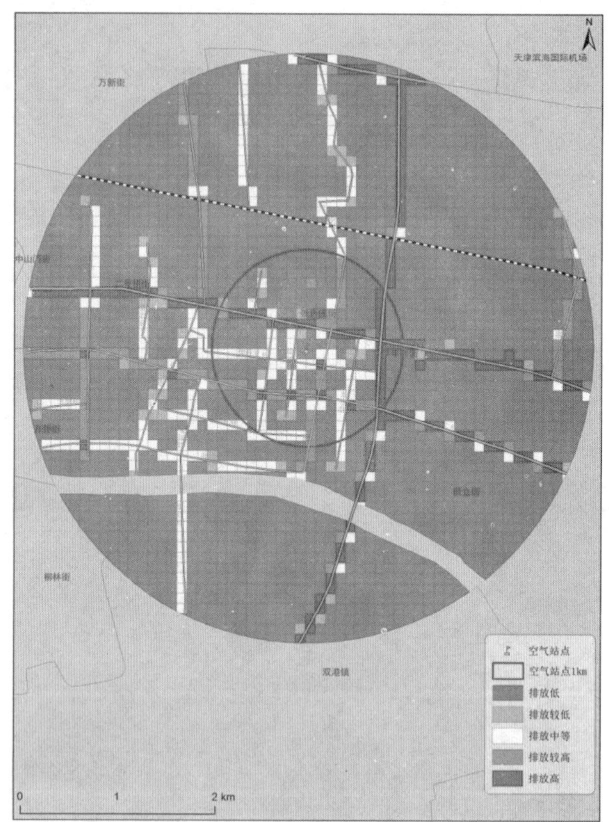

图 6-74　风沙季 CO 排放总量空间网格分布

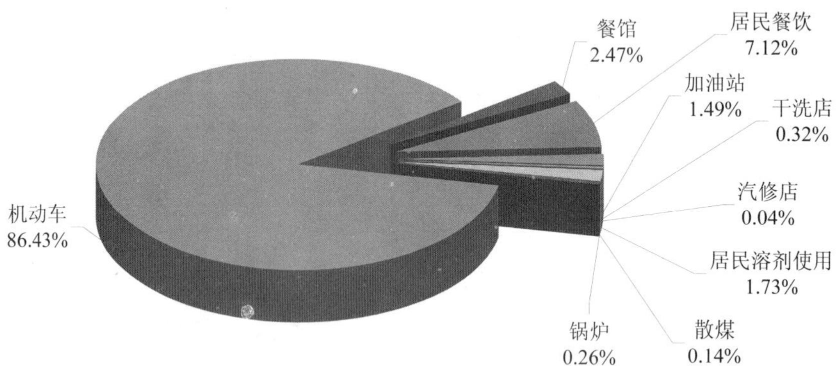

图 6-75　风沙季 VOCs 排放源分担情况

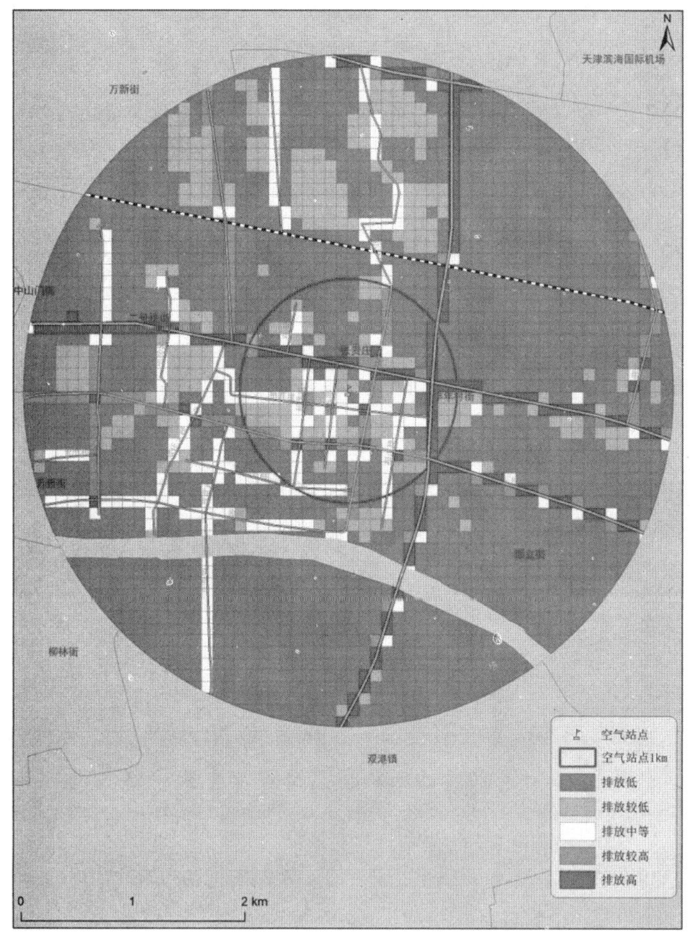

图 6-76　风沙季 VOCs 排放总量空间网格分布

6.3　农村为主区域

6.3.1　燃烧源

（1）西青区津同路空气站点 3 km 范围内能源燃烧。

西青区津同路空气站点 3 km 范围内能源燃烧类型主要包括燃煤、生物质颗粒、薪柴。燃煤使用总量为 13 950 t，其中散煤使用量为 10 420 t，占燃煤总量的 75%；企业锅炉燃煤使用量为 3 530 t，占 25%。

①企业锅炉燃烧情况。

涉及能源燃烧的工业企业和供热单位 7 家，11 台锅炉，其中 9 台锅炉为燃煤锅炉，2 台为生物质锅炉。

9 台燃煤锅炉中均为冬季供暖锅炉，燃煤类型主要是原煤，使用量为 3 530 t，污染物去除措施以多管除尘、湿法脱硫为主。

②能源散烧情况。

根据本次西青区津同路空气站点 3 km 范围散烧源调查，空气站点周边区域能源燃烧有 24 个片区，58 个企业散烧点，且主要为冬季取暖燃烧。

能源散烧类型包括燃煤、生物质燃烧。散煤燃烧量为 10 420 t，其中无烟煤使用量为 10 224 t，占散煤燃烧总量的 98.12%；大同块使用量为 180 t，占散煤燃烧总量的 1.73%；煤球使用量为 16 t，占散煤燃烧总量的 0.15%。生物质燃料使用量为 99 t，以薪柴为主。

a. 散烧区域分析。空气站点 3 km 范围内散煤燃烧有 24 个片区，散煤燃烧总量为 10 092 t，占散煤燃烧总量的 96.8%。散煤燃烧主要集中区域为：东嘴村，散煤燃烧量为 2 080 t，占空气站点 3 km 范围内散煤燃烧总量的 20%。曙光里，散煤燃烧量为 1 176 t，占空气站点 3 km 范围内散煤燃烧总量的 11.3%。大柳滩村，有部分区域分布在空气站点 3 km 范围内，其散煤燃烧量为 1 000 t，占散煤燃烧总量的 9.6%。双河村（北辰区），散煤燃烧量为 1 000 t，占空气站点 3 km 范围内散煤燃烧量的 9.6%。

b. 企业散煤燃烧分析。空气站点 3 km 范围内企业散煤燃烧有 58 家，散煤燃烧总量为 328 t，占散煤燃烧总量的 3.2%。散煤燃烧炉具类型以茶浴炉为主。

（2）能源燃烧污染物排放情况。

综合以上数据信息进行分析，西青区津同路空气站点 3 km 范围内能源燃烧污染物排放量为 PM_{10} 99.5 t、$PM_{2.5}$ 76 t、NO_x 25 t、SO_2 87.7 t、VOCs 39.7 t、CO 1 534.4 t。

①排放量分布。

除 NO_x 外，PM_{10}、$PM_{2.5}$、SO_2 等污染物排放主要是能源散烧排放，且主要排放源是 24 个片区的散煤燃烧。

津同路空气站点 3 km 范围内能源散烧污染物分布见图 6-77，其中 PM_{10} 排放量为 92 t，占能源燃烧总排放量的 93%；$PM_{2.5}$ 为 72 t，占 95%；SO_2 为 83 t，占 95%；VOC_S 为 39 t，占 97%；CO 为 1 503 t，占 98%。

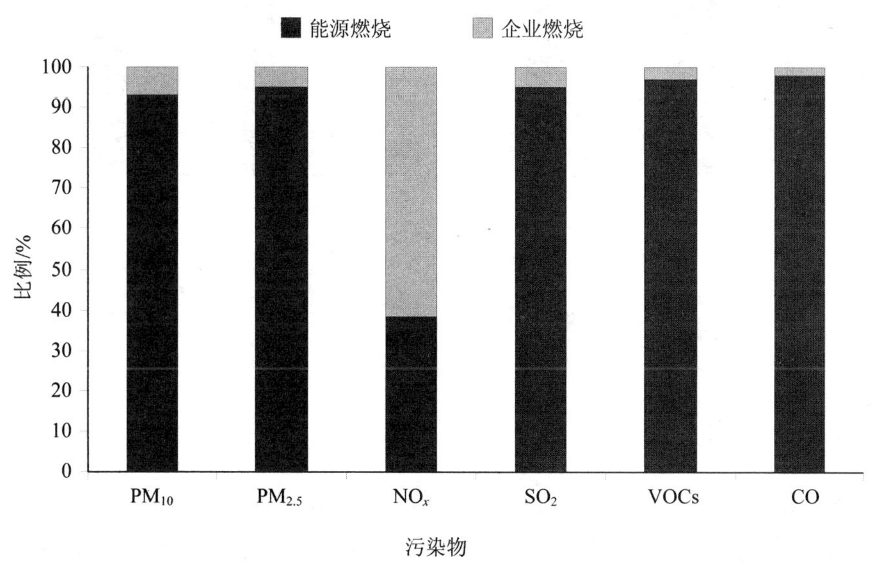

图 6-77　能源燃烧污染物排放部门分布

②排放强度分布。

不同用途的煤燃烧时污染物排放主要集中在散煤燃烧中，主要是因为散煤燃烧炉具无任何除尘、脱硫等污染物去除措施，污染物单位排放量较高。

除 NO_x 外，散煤燃烧 PM_{10} 排放强度为企业的 4.4 倍，$PM_{2.5}$ 为 6.2 倍，SO_2 为 6.6 倍，VOCs 为 11.4 倍，CO 为 16 倍（见图 6-78）。

③排放时间分布。

根据本次调查，空气站点 3 km 范围内燃煤主要为冬季取暖，污染物排放主要集中在每年 1 月 1 日至 3 月 15 日、11 月 15 日至 12 月 31 日。

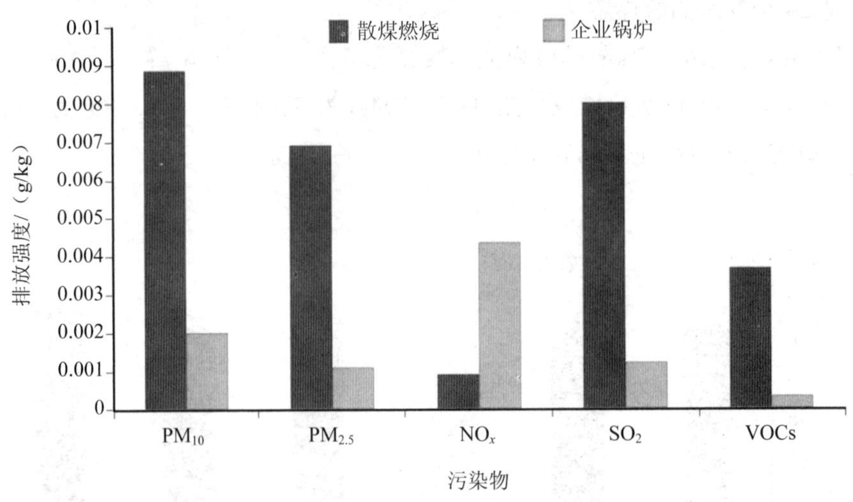

图 6-78 污染物排放强度分布

6.3.2 扬尘源

调查组对空气站点周边 3 km 内涉及扬尘的污染源进行了排查，包括施工工地、裸露地面、道路扬尘和堆场料场。此次共调查施工工地 5 家、裸露地面 65 块、道路扬尘 43 条、堆场料场 13 处。总体上看，施工工地少、管理好，裸露地面数量多、面积大、颗粒物排放量大；堆场料场大部分未苫盖；道路扬尘问题较为突出。

（1）施工工地扬尘。

①调查情况。

调查发现，西青区津同路空气站点周边 3 km 范围内的施工工地数量少且管理较好。此次共调查施工工地 5 家（含 1 家混凝土搅拌站），按所处区域分，空气站点周边 1 km 范围内 1 家，为杨柳青货场后的混凝土搅拌站；空气站点周边 1～3 km 范围内 4 家，为御河道与柳口路交汇处小段道路施工、荷悦家园、西青区体育馆和杨柳青商业楼；按施工阶段分，未开工的 1 家，主体装修阶段的 2 家，将完工和已完工的 2 家。5 家施工工地均采取了较好的控尘措施。

②扬尘排放情况。

在 5 家施工工地中，仅御河道沿岸小段道路施工产生扬尘污染，其余 4 处均采取了较好的控尘措施。经测算，5家建筑工地 PM_{10} 年排放量为0.14 t，$PM_{2.5}$ 年排放量为0.03 t，在全市处于较低水平。

（2）裸露地面扬尘。

①调查情况。

西青区津同路空气站点周边3 km内的裸露地面存在数量多、面积大、颗粒物排放量大的特点。此次共调查裸露地面65块，总面积6.67 km^2，占空气站点周边3 km总面积的23.6%。其中面积在10万 m^2 以上的有25块，占38.5%；面积在1万～10万 m^2 的有30块，占46.2%；面积在1万 m^2 以下的有10块，占15.3%。

从区域分布上看，裸露地面主要为位于津保铁路和津浦铁路中间、空气站点西部的大面积农田和裸地，约占裸地总数量的65%，总面积的85%。

②扬尘排放情况及存在的问题。

经测算，空气站点周边3 km内裸露地面 PM_{10} 年排放量为879 t，$PM_{2.5}$ 年排放量为177 t，排放量在4类扬尘排放源中占比最高。目前，空气站点西部和北部大面积的农田处于深耕后闲置状态，土地表面水分已被蒸发，干土附在地表，风力较大时极易产生扬尘，当风向为北风、西北风、西南风时，产生的扬尘对空气站点影响较大。

（3）道路扬尘。

在掌握路网分布的基础上，经现场调查，空气站点周边3 km范围内的道路呈现道路数量多但总体车流相对较小、津同公路排放严重的情况。

①调查情况。

经调查，空气站点3 km范围内共有43条道路，主要有津同公路、西青道、青沙公路、柳口路、西河闸路、新华道、白塔寺路及空气站点周边若干无名路等，道路总长度63.7 km。根据交通部门提供的车流信息，津同公路、西河闸路、青沙路、青致路、青远路、柳口路、欣杨道、柳云路、新华道、柳霞路等10条道路，日均车流量为16.7万辆。从车辆类型看，客车日均车流量15.1万辆，货车日均车流量1.6万辆；从燃油的种类看，汽油车日均车流量13.6万辆，柴油车3.1万辆。空气站点周边3 km内柴油车流量相对其他郊区县较少。

②扬尘排放情况及存在的问题。

在交通部门提供车辆数据的基础上，对位于空气站点3 km范围内的43条道路进行了扬尘排放调查及测算。43 条道路扬尘 PM_{10} 年排放量为 287 t，$PM_{2.5}$ 年排放量为 69 t，排放量在 4 类涉及扬尘排放的污染源中占比第二，次于裸地扬尘排放。津同公路、新华道、柳口路、泽杨道、青静路、青宁路、文昌道、柳霞路、西青道等 9 条道路扬尘排放较多，约占总排放量的 82%。

津同公路扬尘排放应特别引起注意，位于空气站点周边 3 km 范围内的津同公路有 5.4 km，其 PM_{10} 年排放量为 92 t，约占道路扬尘排放量的 1/3。经现场调查，津同公路大型柴油车较多，且路面保洁频次低，车辆反复碾压产生大量扬尘。

（4）堆场料场扬尘。

①调查情况。

此次共调查排查堆场料场 13 个，均为开放性堆场。从物料种类看，煤堆 9 个，占 69%，混凝土堆 1 个，沙子石料堆 2 个，土堆 1 个；堆场主要集中在双河村，有 7 个，占 54%。

②扬尘排放情况及存在的问题。

经测算，13 家堆场料场 PM_{10} 年排放量约为 38.2 t，$PM_{2.5}$ 年排放量约为 15.3 t。西青区堆场总体控尘措施较差，仅有 3 个堆场苫盖较好，占 23%，未苫盖或苫盖不完全的有 10 个，占 77%，应加强管理。

6.3.3 工业源

（1）调查情况。

工业源主要包括工艺过程源和工业有机溶剂使用源，其中工艺过程源包括了所有在工业生产过程中，由于原料发生物理变化或化学变化，而向大气排放污染物的工业行为；工业有机溶剂使用源是指在工业生产中，使用的涂料、黏合剂、漆和清洁剂等原料造成 VOCs 大量挥发排放的污染源。工业源种类繁多、排放特征极为复杂，且一般属于无组织排放，排放点源极为分散。不同行业生产采用的原辅材料不同，导致其排放的污染物种类也不尽相同。

本次工业源调查主要采取逐片排查的方式开展，分 3 组对区域内工业企业进行逐个走访调查。本次工业源调查共覆盖 93 家工业企业，从区域分布来看，共 12 家工业企业位于空气站点周边 1 km 范围内，主要分布于柳叶岛及周边区域。涉及行业包括农药制造业、涂料制造业、颜料及染料制造业、农副食品加工、酿酒业、橡胶及塑料制品制造业、纺织及皮革制品制造业、机械设备制造、金属制品制造业、印刷包装业、家具制造业等。

（2）污染物排放情况及存在的问题。

经测算，西青区空气站点周边 3 km 工艺过程源 PM、PM_{10}、$PM_{2.5}$、VOCs 的年排放量分别为 0.22 t、0.08 t、0.03 t、6.61 t。其中，PM、VOCs 为区域内工艺过程源主要排放污染物。

颗粒物排放主要集中于农副食品加工业，区域内农副食品加工业主要为瓜子等农产品脱壳加工。经调查，区域内该类型企业共 6 家（包括 2 家企业处于停产状态），其中 1 家企业位于空气站点周边 1 km 范围内。此类企业在农产品脱壳、粉碎等工艺过程中存在颗粒物的排放，但部分企业并未安装除尘设施，且安装除尘设施的企业所用装置为单筒旋风除尘装置，存在工艺落后、处理效率低、运维不到位等问题。

其余颗粒物排放行业还包括机械设备制造业及金属制品制造业、颜料制造业。其中，机械设备制造业及金属制品制造业在区域内分布较广，区域内共获取该类企业信息 34 家，其颗粒物的排放主要来源于打磨等工艺过程。调查中发现 1 家无机颜料制造企业，该企业主要产品为氧化铁红颜料，该产品生产过程中的粉磨工艺为颗粒物主要来源。

VOCs 排放主要分布于涂料制造业、塑料（树脂）制品制造业、家具制造业、涂装行业及酿酒业，共涉及 32 家企业。从区域分布来看，主要分布于空气站点周边 1～3 km 范围。

区域内涂料制造业均为小型企业，均以外购原料经搅拌混合生产涂料产品，涂料产品种类主要为外墙涂料。涂料生产中涉及正丁醇、丙二醇等多种易挥发性有机溶剂的使用，在非全封闭生产环境下，车间需配备收集处理装置以降低 VOCs 无组织排放污染，而调查发现涂料生产企业并未配备废气处理装置，车间气体直接由排风口外排。

塑料制品制造业产品涵盖：玻纤增强塑料（玻璃钢）、塑料零件、塑料日用品等。在塑料产品的挤出工艺、树脂涂覆工艺中，均不可避免地会产生挥发性气体。在挥发性有机物处理设施配备方面，大部分企业无废气处理设施。整体来看，塑料制品制造业企业车间未配置废气收集处理装置，且部分企业注塑、涂覆工艺为敞开式生产，无组织排放较为严重。

家具制造业及其他行业涂装工艺的 VOCs 排放主要来自于涂料喷涂过程中的有机溶剂使用。调查发现区域内涉涂装工艺企业均未有 VOCs 治理措施，部分企业甚至存在露天喷涂的情况。空气站点周边 3 km 范围内，西青区行政区划内分布 1 家酿酒企业，在蒸馏、勾兑等工艺中存在 VOCs 排放。

6.3.4 道路移动源

道路移动源，主要是排放大气污染物的所有道路交通运输设备。道路移动源包括道路行驶的客车、货车、三轮车以及摩托车。

（1）道路车辆信息。

本次调查的道路是西青区津同路空气站点周边 3 km 区域内的主要干道和次要干道，包括津同公路、西青道、青沙公路、泽杨道、柳口路、西河闸路、柳叶岛路、隐贤村路、柳霞路、柳欣路、新华道、御河道、宝华步行街、青远路、青致路、药王庙前大街、常青道、平安路、胜利路、文昌道、府前街、宝华街等 43 条道路。纳入本次调查的车辆类型包括出租车、小型客车、公交车、中型客车、大型客车、小型货车、中型货车、大型货车、三轮车和摩托车。纳入本次调查的道路总长度为 63.73 km。

总车流量最大的 3 条道路是津同公路、柳霞路、柳口路；出租车流量最大的 3 条道路是津同公路、柳口路、柳霞路；小型客车流量最大的 3 条道路是津同公路、青致路、柳霞路；公交车流量最大的 3 条道路是柳口路、津同公路、新华道；中型客车流量最大的 3 条道路是津同公路、柳霞路、新华道；大型客车流量最大的 3 条道路是津同公路、柳霞路、青沙路；小型货车流量最大的 3 条道路是津同公路、柳霞路、青致路；中型货车流量最大的 3 条道路是津同公路、青沙路、柳霞路；大型货车流量最大的 3 条道路是津同公路、青沙路、柳霞路；三轮车流量最大的 3 条道路是津同公路、柳霞路、新华道；摩托车流量最大的 3 条道路是青沙路、青致路、西河闸路。从车辆类型来看，车辆数量占比最大的为小型客车（79.79%），其次为中型客车（6.26%）和小型货车（3.08%）（见图 6-79）。

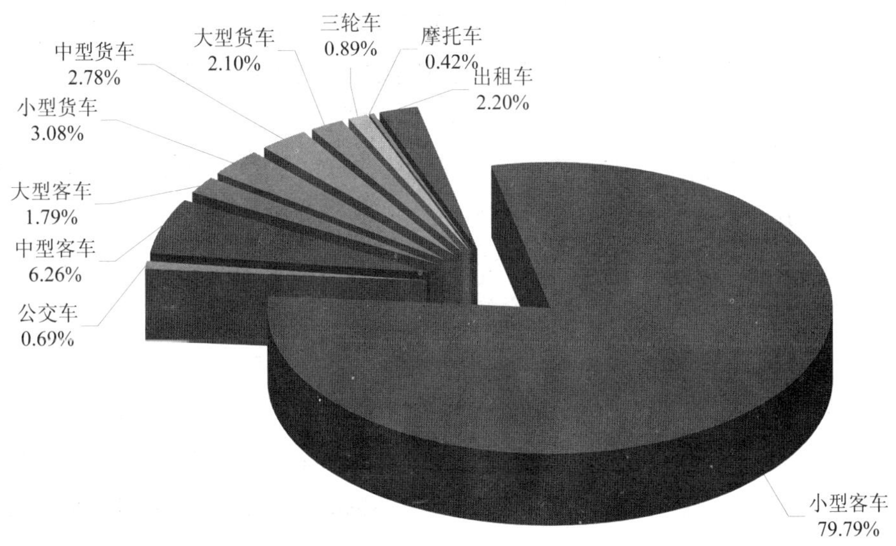

图 6-79　空气站点 3 km 内车型分布

（2）道路移动源污染物排放量。

西青区空气站点周边 3 km 的道路移动源的排放情况为：CO 787.59 t，NO_x 252.25 t，SO_2 7.85 t，NH_3 7.45 t，VOCs 97.74 t，$PM_{2.5}$ 11.35 t，PM_{10} 11.44 t。

6.3.5　其他排放源

（1）有机溶剂存储源。

有机溶剂存储源排放包括含有机溶剂产品在生产和流通过程中，在工厂、产品中转站和销售终端 3 个物流节点的存储环节，由于产品本身固有的特性和受周围环境的影响，所产生并排放的 VOCs。有机溶剂存储源主要包括储罐和加油站，其中，储罐 VOCs 排放来源于物料装卸过程的“大呼吸”排放和受环境温度变化的“小呼吸”排放；加油站 VOCs 气体的挥发主要来自 3 个环节，分别为油罐汽车卸油时产生的油气、汽车油箱加汽油时产生的油气、加油油气回收系统部分排放的油气。

针对此类源共调查获取区域内 4 家加油站情况，区域内未发现有机溶剂储罐。4 家加油站均分布在津同公路及青沙公路沿线，由油品销售类型看，津同路沿线加油站柴油销售量高于汽油销售量，与当地车型分布信息相符。经调查，区域内 4 家加油站均配置了由卸油油气回收系统和加油油气回收系统组成的二次油气回收系统，可有效减少油气损失，并减少 VOCs 排放。

经测算，区域内加油站 VOCs 年排放量为 1.60 t，其中，津同路沿线加油站 VOCs 年排放量为 1.09 t，青沙路沿线加油站 VOCs 年排放量为 0.51 t。从油品贡献来看，受油品性质影响，92.5%的 VOCs 排放量来自汽油卸油、加油过程挥发，柴油贡献率仅占 7.5%。

（2）其他溶剂使用源。

其他溶剂使用源为除工业企业外的溶剂使用源，包括喷涂汽修店等服务业溶剂使用源及居民生活溶剂使用源。其中，由于居民生活溶剂具体使用量难以获取，根据区域内人口数据进行估算，空气站点周边 3 km 内居民生活溶剂使用源 VOCs 年排放量为 4.8 t。

服务业溶剂使用源方面，共调查获取 11 家喷涂汽修店情况，均为配置了喷漆/烤漆室、具备喷涂能力的汽修店。喷涂汽修店所用涂料主要为普通漆和金属漆两种，使用量为 0.45 t，其中涂料年使用量在 50 kg 以上的汽修店有 4 家，涂料年使用量小于 50 kg 的汽修店为 7 家。

汽修店溶剂使用主要集中于喷漆、烤漆工艺，经调查，以上汽修店仅安装了针对油漆尘雾的过滤棉，未安装针对 VOCs 控制的处置装置。结合油漆使用量和 VOCs 控制措施进行测算，区域内其他溶剂使用源 VOCs 年排放量为 0.25 t。

（3）餐饮源。

餐饮业在第三产业服务业中一直占据有重要位置，大部分餐饮企业位于人口密度高的生活区或商业区，一直以来是关注的热点。餐饮源主要包括两大块，一是家庭居民生活，二是社会餐饮服务业，包括各类中餐饭馆、西餐厅、火锅店、烧烤店、快餐店、小吃店等以及大型宾馆酒店、学校、大型医院等地点的内部就餐场所。

西青区空气站点 3km 范围内涉及的社会餐饮店约 340 家，家庭居民餐饮约 33 500 余户家庭。社会餐饮店及家庭居民餐饮均主要集中在西青道以南、青沙公路以东区域。

餐饮中污染物的排放情况为：VOCs 29.15 t，$PM_{2.5}$ 33.55 t，PM_{10} 41.94 t。其

中，居民餐饮对餐饮源污染物总排放量的分担率为 77.75%，是相对较大的排放源。

表 6-6 餐饮源排放量 单位：t

餐饮类别	VOCs	$PM_{2.5}$	PM_{10}
家庭居民餐饮	22.62	26.09	32.61
社会餐饮	6.53	7.46	9.33
合计	29.15	33.55	41.94

（4）农牧源。

畜牧业的污染物排放主要来自畜禽在放牧和圈养过程中产生的排泄物，如粪便、尿液及两者混合的泥浆等，其排放强度与畜禽的类型有着密切的关系。

本次调查共涉及 7 个养殖场，分别为天津市益利来养殖有限公司、天津市益君生生猪养殖专业合作社、天津市西青区晶鑫奶牛养殖有限公司、天津市西青区付凯养猪场、天津圣景园畜禽养殖基地、天津市凤元养鸡场、宋福祥养殖场，NH_3 年排放量分别为 10.73 t、3.91 t、22.82 t、0.60 t、10.38 t、6.92 t、0.07 t，合计为 55.43 t。

6.3.6 污染物排放总量

根据大气污染源排放清单体系对调查情况进行测算汇总，西青区空气站点周边 3 km 范围内污染物年排放总量为：PM_{10} 1 345.67 t、$PM_{2.5}$ 377.77 t、NO_x 268.12 t、SO_2 605 t、VOCs 179.08 t、CO 2 298.75 t。

（1）污染物排放特征分析。

①PM_{10} 排放特征。

PM_{10} 主要排放源为裸地扬尘（66.84%）、道路扬尘（21.82%）、居民散煤（6.81%）、居民餐饮（2.48%）（见图 6-80）。PM_{10} 排放主要分布在空气站点西南区域裸地、津同线西青道等主干道沿线、东嘴村等散煤燃烧区域（见图 6-81）。

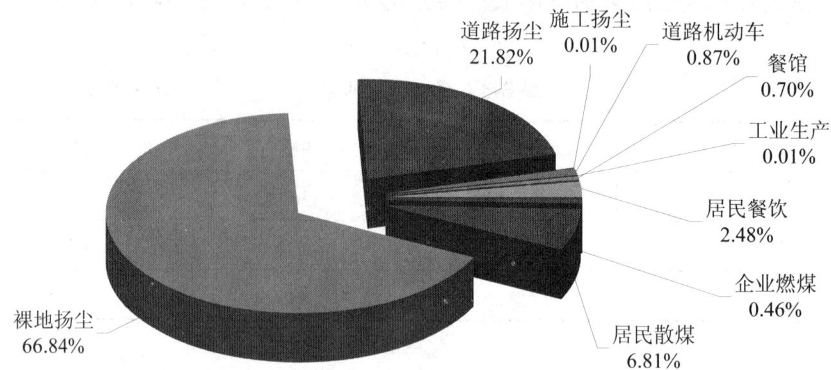

图 6-80 全年 PM_{10} 排放源分担情况

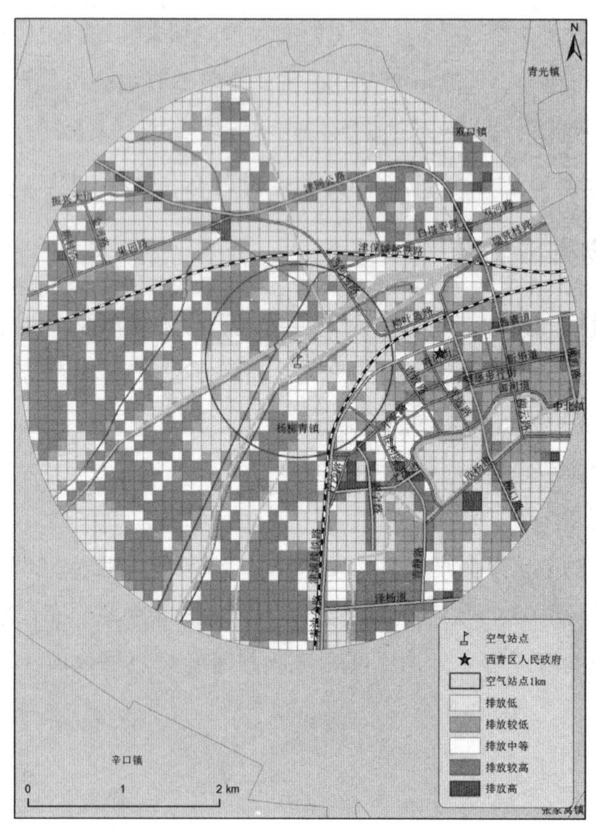

图 6-81 全年 PM_{10} 排放总量空间网格分布

②$PM_{2.5}$ 排放特征。

$PM_{2.5}$ 主要排放源为裸地扬尘（46.80%）、居民散煤（18.46%）、道路扬尘（18.38%）、居民餐饮（6.90%）（见图 6-82）。$PM_{2.5}$ 排放主要分布在空气站点西南区域裸地、津同线西青道等主干道沿线、东嘴村等散煤燃烧区域（见图 6-83）。

③SO_2 排放特征。

SO_2 排放源主要为居民散煤（84.74%）、道路机动车（8.23%）及企业燃烧（7.02%）（见图 6-84）。SO_2 全年排放总量空间网格分布见图 6-85。

④NO_x 排放特征。

NO_x 排放源主要为居民散煤（3.46%）、道路机动车（94.06%）及企业燃烧（2.48%）（见图 6-86）。NO_x 全年排放总量空间网格分布见图 6-87。

⑤VOCs 排放特征。

VOCs 排放源主要为道路机动车（54.57%）、居民散煤（20.84%）及居民餐饮（12.63%）（见图 6-88）。VOCs 全年排放总量空间网格分布见图 6-89。

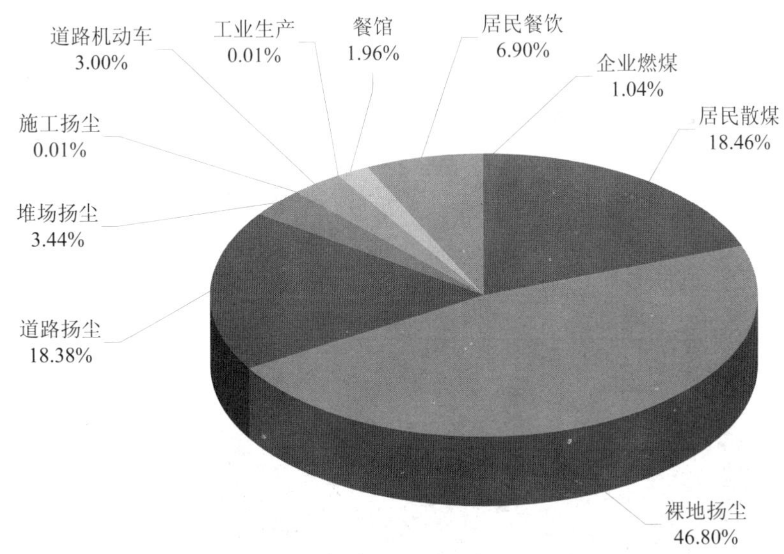

图 6-82　全年 $PM_{2.5}$ 排放源分担情况

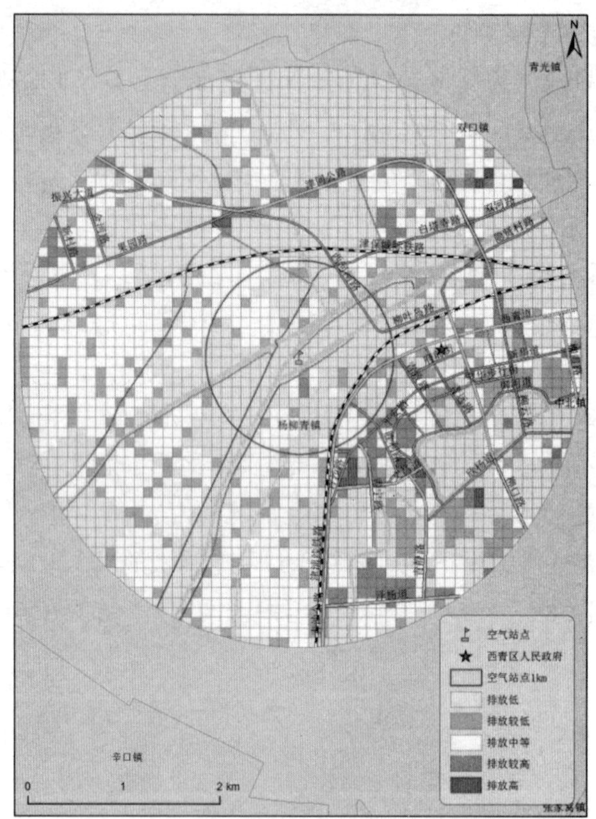

图 6-83　全年 $PM_{2.5}$ 排放总量空间网格分布

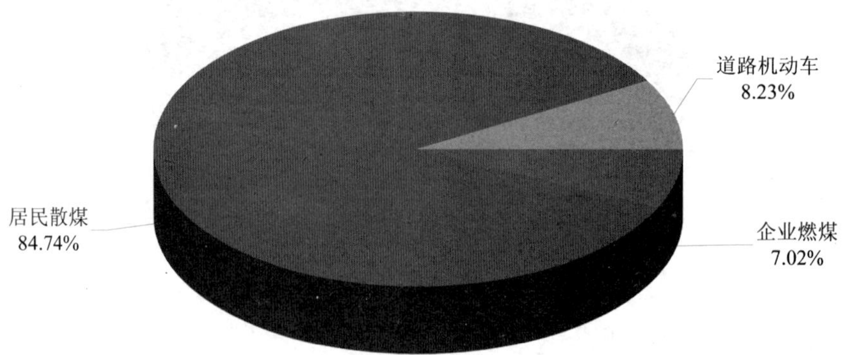

图 6-84　全年 SO_2 排放源分担情况

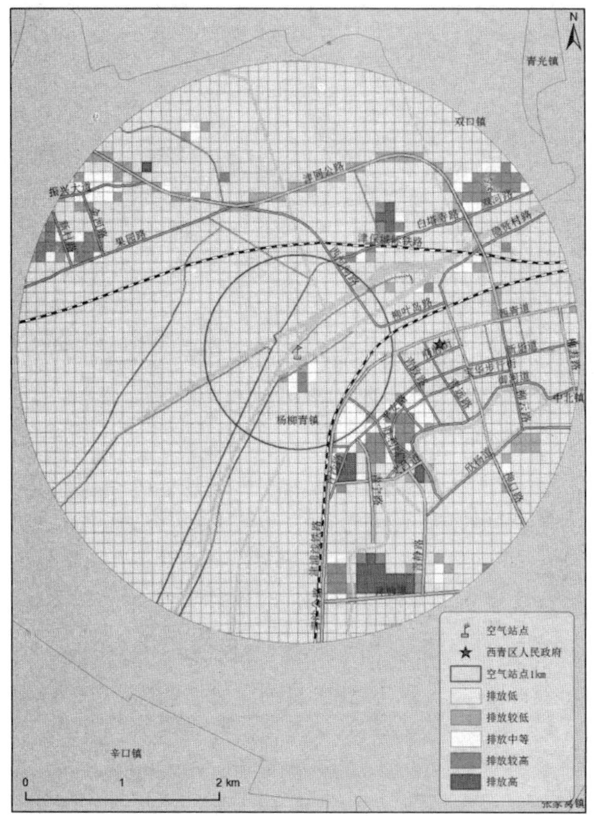

图 6-85　全年 SO_2 排放总量空间网格分布

图 6-86　全年 NO_x 排放源分担情况

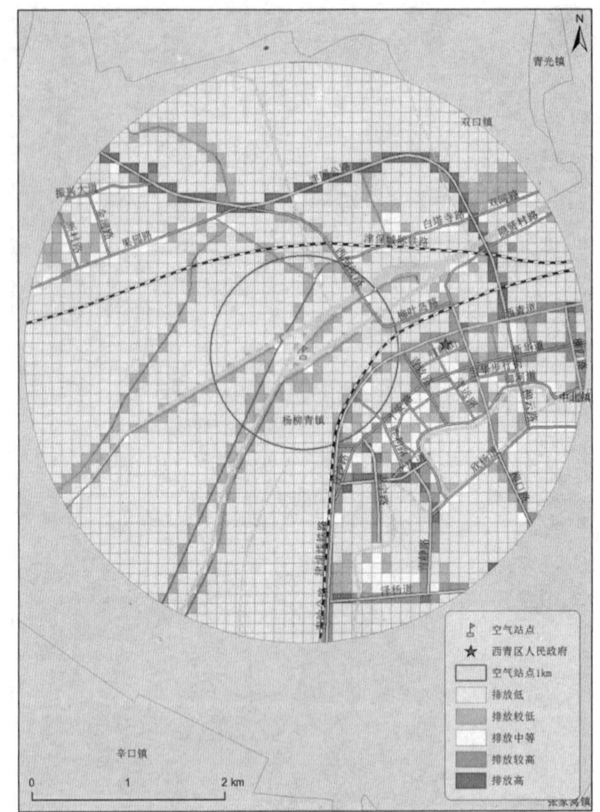

图 6-87　全年 NO_x 排放总量空间网格分布

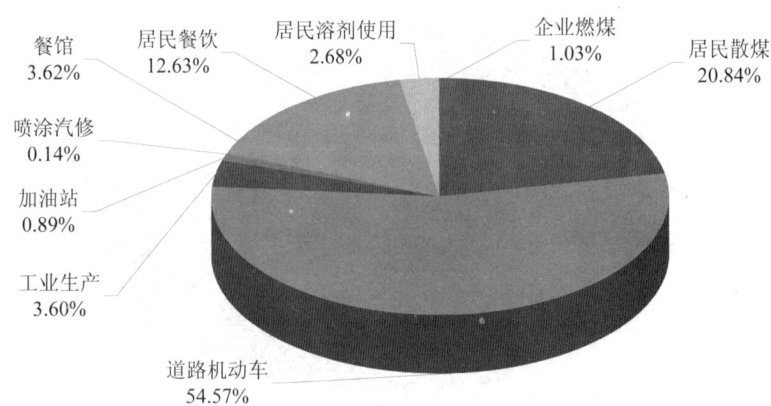

图 6-88　全年 VOCs 排放源分担情况

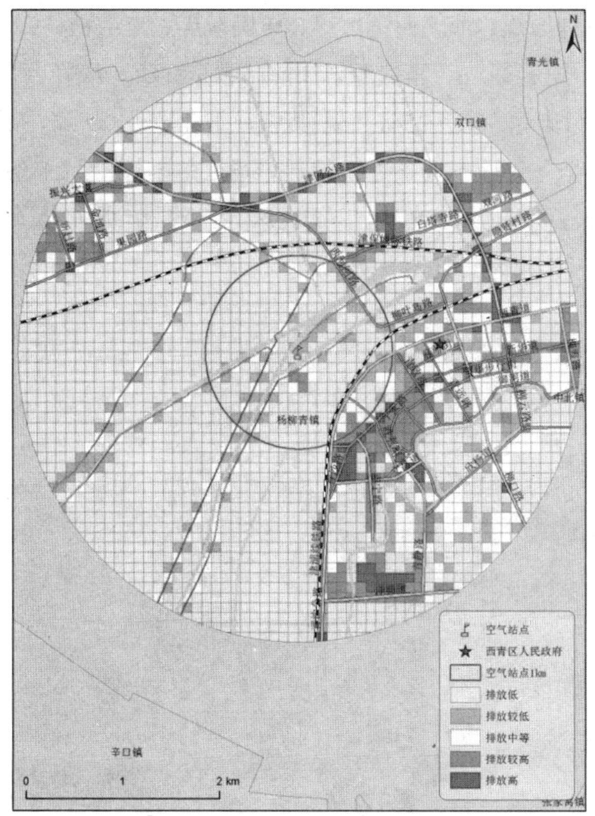

图 6-89 全年 VOCs 排放总量空间网格分布

6.4 综合区域

6.4.1 概述

调查组（每组成员均由天津市环境监测中心、区环保局、相关街镇人员组成）于 2016 年 7 月 27 日开始以逐片排查的方式对宝坻区空气站点 3 km 及周边范围开始调查。调查具体范围为：东至东环线，西至西外环，南至潮白河，北至进京路—南城路。涉及的污染源类别有工业生产源（工业企业）、固定燃烧源（锅炉）、扬尘源（裸地、工地、工业堆场、拆迁堆场）、道路源（道路扬尘、道路机动车）、散烧源（固定商铺散煤、流动商铺散煤、居民散煤、户用秸秆）、餐饮源（餐馆油烟、餐馆烧烤、居民餐饮）、其他源（加油站、干洗店、汽修店、居民溶剂）等 7 大类 19 小类。污染源总数为 541 个。其中，工业企业 39 家，锅炉 13 家，裸地 36 个，工地 18 个，工业堆场 5 个，拆迁堆场 12 个，道路 21 条，固定商铺散煤 25 个，流动散煤 6 片，餐馆 267 个，居民区 46 个，加油站 14 个，干洗店 17 个，汽修店 22 个。污染源分布见图 6-90。

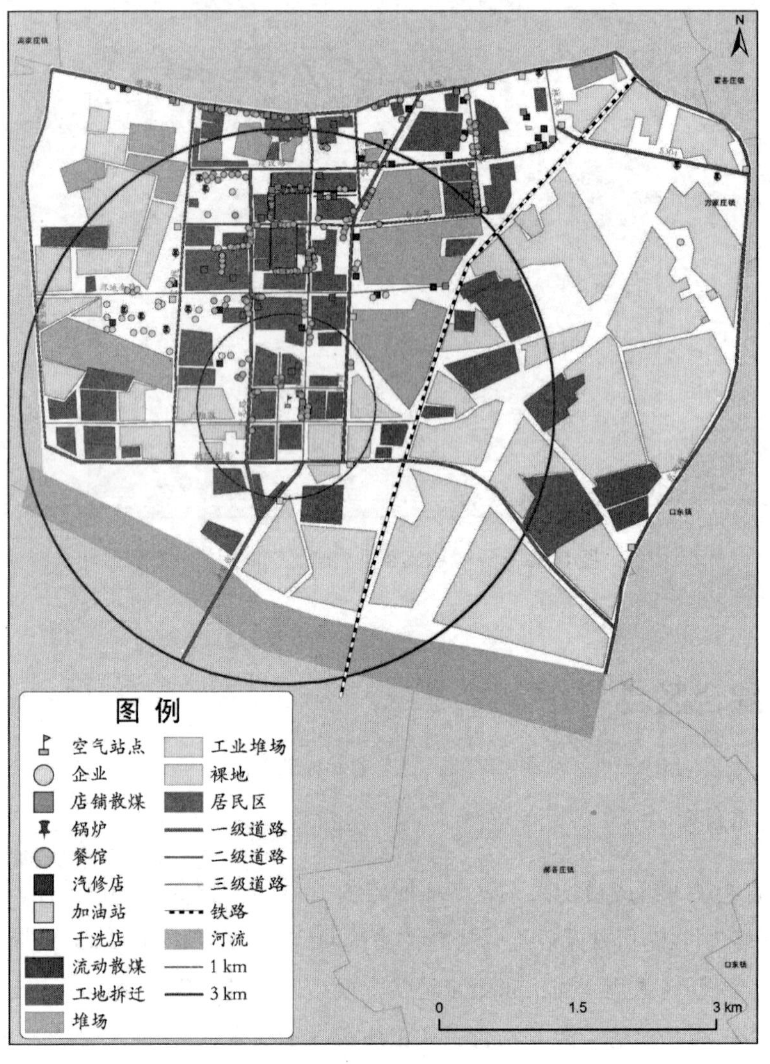

图 6-90　宝坻区空气站点周边涉气污染源分布

6.4.2 工业源

（1）界定。

工业源主要包括工艺过程源和工业有机溶剂使用源，其中工艺过程源包括了所有在工业生产过程中，由于原料发生物理变化或化学变化，而向大气排放污染物的工业行为；工业有机溶剂使用源是指在工业生产中，使用的涂料、黏合剂、漆和清洁剂等原料造成 VOCs 大量挥发排放的污染源。工业源种类繁多、排放特征极为复杂，且一般属于无组织排放，排放点源极为分散。不同行业生产采用的原辅材料、生产工艺不同，导致其排放的污染物种类也不尽相同。

（2）基本情况。

调查区域内共有 39 家工业企业，工业生产活动涉及行业类别主要包括金属制品制造业、有色金属冶炼及压延加工业、橡胶及塑料制品制造业、电气机械及器材制造业、食品及农副食品加工业、服装制造业、家具制造业、印刷业、化学纤维制造业、文教体育用品制造业、皮革制品业、餐饮业、化学制品业、纺织业等，各行业从业企业数量和占比分布见图 6-91 和图 6-92。

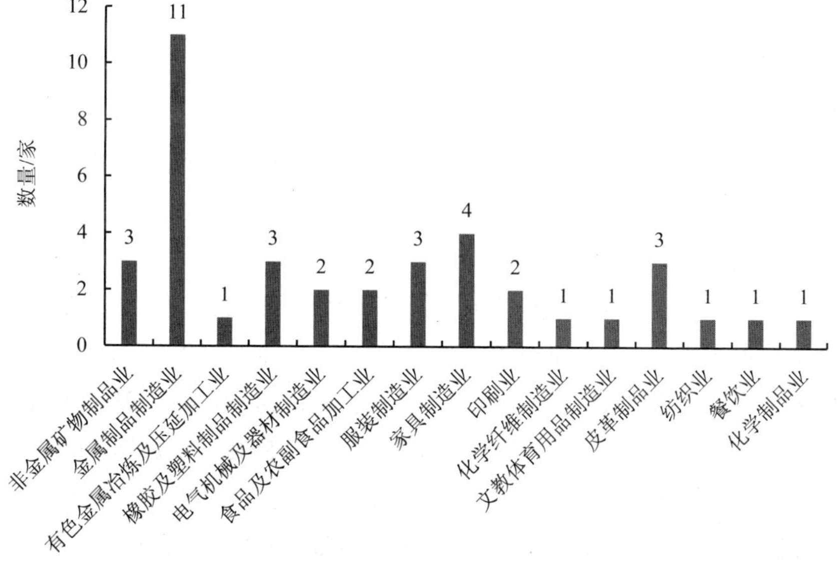

图 6-91　工业企业行业数量分布情况

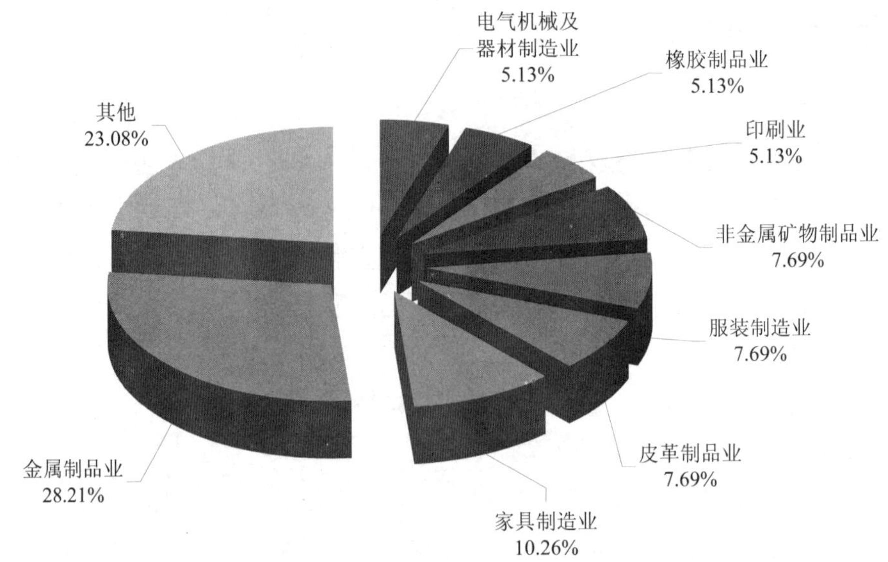

图 6-92 工业企业占比分布

调查范围内从事金属制品制造、家具制造业、皮革制品业、服装制造业以及非金属矿物制品业分别为 11 家、4 家、3 家、3 家和 3 家，以上 5 个行业的从业家数之和占调查范围内企业家数的 64.54%，为该区域企业主要生产活动类别。

（3）排放清单。

据核算，调查区域内工业源 PM_{10}、$PM_{2.5}$ 及 VOCs 的年排放量分别为 2.39 t、1.66 t 和 55.80 t。

①颗粒物排放情况。

从排放行业来看，颗粒物污染排放主要分布于家具制造业、电气机械及器材制造业、农副食品加工业、有色金属冶炼及压延加工业、非金属矿物制品业以及金属制品业等行业。有色金属冶炼及压延加工业、非金属矿物制品业、家具制造业 PM_{10} 排放量较高，分别占工业生产源污染物排放量的 49.55%、32.89%、6.63%（见图 6-93）；有色金属冶炼及压延加工业、非金属矿物制品业以及金属制品业 $PM_{2.5}$ 排放量分别占到工业生产源污染物排放量的 63.53%、21.87%、6.50%（见图 6-94）。

另外，颗粒物污染物排放行业还包括纺织业、化学纤维制造业、塑料制品业、橡胶制品业以及食品制造业等。

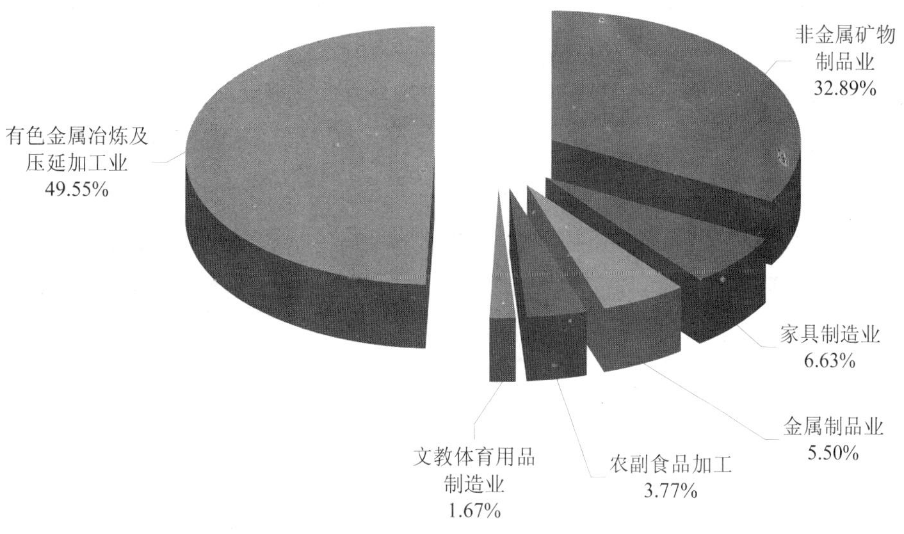

图 6-93　PM_{10} 排放行业分布

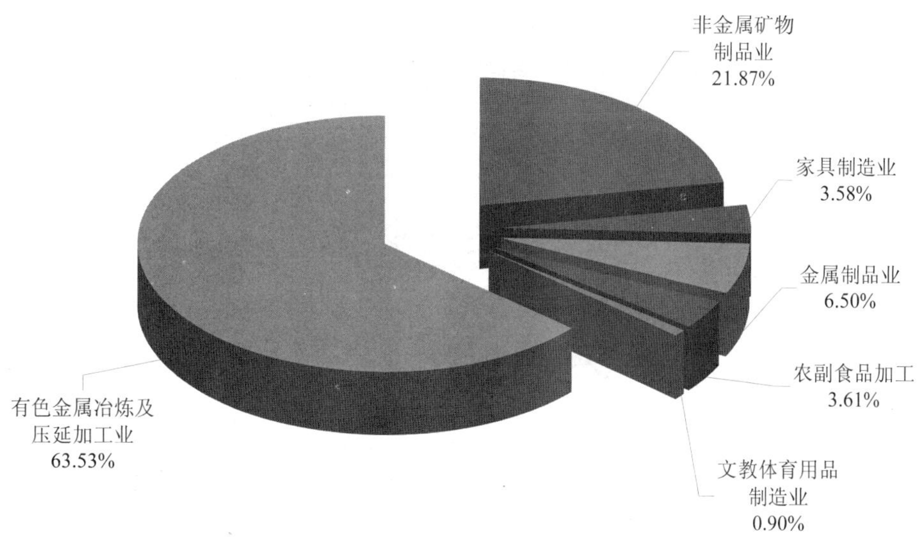

图 6-94　$PM_{2.5}$ 排放行业分布

从排放企业来看，雅秋家具、通用电气石油天然气设备天津分公司、天津裕泰农业科技发展有限公司及天津亚太家具有限公司 PM_{10} 年排放量较高，排放量分别为 1.18 t、0.64 t、0.11 t 和 0.09 t；天津市昌利铸件厂、天津市玉岐水泥制品厂及李广华建材厂 $PM_{2.5}$ 年排放量较高，排放量分别为 1.06 t、0.24 t 和 0.11 t。

②VOCs 排放情况。

从排放行业来看，调查区域内 VOCs 排放主要分布于皮革制品业、家具制造业、印刷业、文教体育用品制造业、金属制品业、食品制造业以及化学制品等行业。皮革制品业、家具制造业、印刷业及文教体育用品制造业为该区域 VOCs 主要排放行业，VOCs 排放量分别占工业生产源污染物排放量的 83.88%、8.26%、5.82%和 1.15%（见图 6-95）。

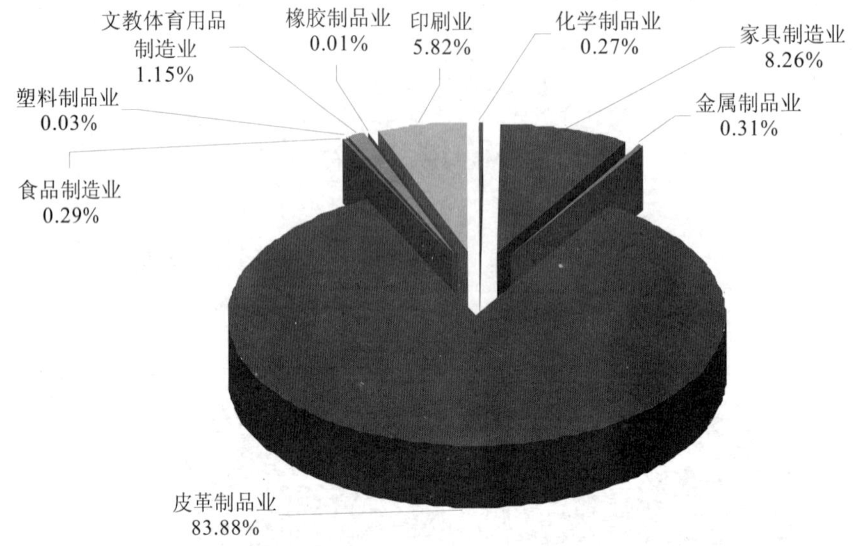

图 6-95 VOCs 年排放量占比分布

从排放企业来看，VOCs 年排放量较大的企业有天津天星科生皮革制品有限公司（分公司）、天津天星科生皮革制品有限公司（总公司）、天津尚好卫生材料有限公司、天津祥泰家具有限公司、雅秋家具、天津亚太家具有限公司及天津天星科生皮革制品厂。

6.4.3　固定燃烧源

（1）界定。

固定燃烧源主要是指企业用于生产的锅炉等，调查中的固定燃烧源主要是指企业用于生产和取暖的锅炉、茶炉、燃烧机等。

（2）基本情况。

生产过程中涉及锅炉的企业共 13 家，锅炉、茶炉等共计 17 台；其中燃煤锅炉 9 台，燃气锅炉 8 台，燃煤年用量共 11.46 万 t，燃气年用量 50 万 m^3。

企业锅炉、茶炉等固定燃烧源排放的污染物主要是 PM_{10}、$PM_{2.5}$、NO_x、SO_2、VOCs 和 CO。

（3）排放清单。

据核算，以宝坻区空气站点为中心的调查区域内企业固定燃烧源排放清单如下：企业锅炉、茶炉 PM_{10}、$PM_{2.5}$、NO_x、SO_2、VOCs 和 CO 的年排放量分别为 39.82 t、34.47 t、266.93 t、45.94 t、20.74 t 和 919.32 t。

6.4.4　扬尘源

（1）裸地。

①界定。

裸地扬尘是指直接来源于裸露地面（如农田、裸露山体、滩涂、干涸的河谷、未硬化或绿化的空地等）的颗粒物在自然力或人力的作用下形成的扬尘。

②基本情况。

纳入统计的裸地共 36 处，裸地面积共计 1 220.62 万 m^2。其中，面积大于 20 万 m^2 的有 15 处，占调查区域裸地总数的 79.25%。裸地类型主要是荒地和农田，调查时间段为夏季，大部分有植草覆盖和苫盖，覆盖率介于 50%～95%。从距离上看，裸地基本位于空气站点 1 km 区间内，空气站点 1～3 km 的西部、东部和南部，以及 3 km 区域边缘的东部和西北部。空气站点周边 1 km 内的裸地只涉及多块裸地，空气站点 1 km 边缘的东南部有块裸地扬尘污染排放强度较大。

③排放清单。

据核算，裸地 PM_{10}、$PM_{2.5}$ 的年排放量分别为 85.27 t、17.15 t，年排放强度为

6.99 g/m^2、1.41 g/m^2。排放强度较大的裸地的 PM_{10} 年排放强度分别为 26.45 g/m^2、9.52 g/m^2、5.02 g/m^2，$PM_{2.5}$ 年排放强度分别为 5.32 g/m^2、1.01 g/m^2、1.92 g/m^2。

（2）工地。

①界定。

工地扬尘是指城市市政基础设施建设、建筑物建造与拆迁、设备安装工程及装饰修缮工程等施工场所在施工过程中产生的扬尘，包括城市市政基础设施建设、建筑物建造与拆迁、设备安装工程及装饰修缮工程。

②基本情况。

纳入统计的工地共 18 个，规划面积共计 1 390 230 m^2，占地面积共计 756 615 m^2，施工类型包括了住房建设、商业街建设、基础设施建设，施工阶段有主体建设、配套设施、地基建设、土方开挖、主体装修，各个工地都有相应的控尘措施，主要有围挡、苫盖、防尘网（布）、雾炮。工地主要集中在空气站点周边 1 km 内及其南部边缘，空气站点周边 1～3 km 区域内的西部和东部，以及空气站点周边 3 km 处的西北部边缘。空气站点 1 km 内及边缘地带共有 4 处工地，且有 1 处工地扬尘污染排放强度较大。

③排放清单。

据核算，空气站点 3 km 工地 PM_{10}、$PM_{2.5}$ 年排放量分别为 136.08 t、27.77 t。其中，排放量位于前 4 位的是观潮西园、嘉兴园、金梧桐一期、泽润家园二期，PM_{10} 的年排放量分别为 72.77 t、22.63 t、10.36 t、8.15 t，$PM_{2.5}$ 的年排放量分别为 14.85 t、4.62 t、2.11 t、1.66 t。

（3）工业堆场。

①界定。

工业堆场扬尘是指堆放在露天堆场（如煤堆、灰堆、料堆、渣土、垃圾等堆放散流体物料堆）的散状粉尘在自然力或人力作用下不断地向大气释放粉粒而形成的扬尘。

②基本情况。

纳入统计的工业堆场共 5 处，堆场面积共计 11 050 m^2，其中堆场面积大于 3 000 m^2 的共有 2 处，占堆场面积总数的 81.45%。在调查区域内堆场类型主要为建筑原料堆场，部分堆场安置防尘网来苫盖防尘，也有部分堆场未做任何防尘措施。从距离上看，堆场主要分布于空气站点的东南部和东部，堆场扬尘污染排放强度较大的区域主要位于空气站点 3 km 区域边缘的东北部和东部。

③排放清单。

据核算，调查区域内堆场的面积共计 11 050 m^2，堆场 PM_{10}、$PM_{2.5}$ 的年排放量分别为 18.11 t、7.24 t，年排放强度为 1 638.73 g/m^2、655.49g/m^2。排放强度较大的堆场是南三路延长线堆场、林黑路（东环线以西）堆场，PM_{10} 的年排放强度分别为 959.28 g/m^2、440.72 g/m^2，$PM_{2.5}$ 的年排放强度分别为 383.71 g/m^2、176.47 g/m^2。

（4）拆迁堆场。

①界定。

拆迁堆场扬尘是指拆迁施工工地在拆迁过程中产生的散状粉尘与拆迁后堆放的建筑废料在自然力或人力作用下不断地向大气释放粉粒而形成的扬尘。

②基本情况。

纳入统计的拆迁堆场共 12 个，占地面积共计 3 032 181.21 m^2，施工类型主要是住房拆迁、商业街拆迁、基础设施拆迁，各个拆迁工地采取相应的控尘措施，主要有围挡、苫盖、防尘网（布）。拆迁工地涉及范围广，拆迁面积大，拆迁垃圾堆主要分布于空气站点的东北部和西北部，拆迁地扬尘污染排放强度较大的区域主要位于空气站点 1～3 km 区间的东北部以及空气站点 3 km 区域边缘。

③排放清单。

据核算，堆场 PM_{10}、$PM_{2.5}$ 的年排放量分别为 33.94 t、13.58 t，年排放强度为 11.19 g/m^2、4.48 g/m^2。排放强度较大的堆场是环城南路与南三路之间、环城南路以南、南城路大转盘，PM_{10} 的年排放强度分别为 3.58 g/m^2、3.77 g/m^2、1.33 g/m^2，$PM_{2.5}$ 的年排放强度分别为 1.43 g/m^2、1.51 g/m^2、0.53 g/m^2。

6.4.5　道路源

（1）道路扬尘。

①界定。

道路扬尘源是指道路积尘在一定动力条件（风力、机动车碾压、人群活动等）作用下进入环境空气中形成的扬尘。

②基本情况。

纳入统计的道路共 21 条，其中，重要的道路主要有西环线、建设路、钰华街、环城南路、进京路、建设路及南关大街等。道路长度共计 65.64 km，年车流量共计 8 648.86 万辆。

③排放清单。

空气站点 3 km 道路扬尘 PM_{10}、$PM_{2.5}$ 的年排放量分别为 81.16 t、7.50 t；其中，潮阳大道、南城路、东环线及津围路扬尘年排放量较大，PM_{10} 的年排放量分别为 14.13 t、13.25 t、14.74 t 和 9.95 t，$PM_{2.5}$ 的年排放量分别为 1.23 t、1.15 t、1.28 t 和 0.87 t。

（2）机动车。

①界定。

机动车尾气是指行驶的交通运输设备动力燃料燃烧排放的污染物，主要包括出租车、小型客车、公交车、中型客车、大型客车、小型货车、中型货车、大型货车、三轮车和摩托车等车辆排放的尾气。

②基本情况。

纳入统计的道路共 21 条，小型客车、公交车和大型客车为主要车型；这 3 种车型的年车流量分别为 80 036 105 辆（92.54%）、547 500 辆（0.63%）和 5 904 970 辆（6.83%）。

机动车尾气所含的主要污染物是 CO、NO_x、SO_2、VOCs、$PM_{2.5}$ 和 PM_{10}。

③排放清单。

机动车尾气 CO、NO_x、SO_2、VOCs、$PM_{2.5}$ 及 PM_{10} 的年排放量分别为 617.58 t、134.44 t、4.11 t、62.73 t、4.88 t 和 5.28 t。从各道路机动车尾气排放的占比来看，污染最大的道路为宝平线，占比为 11.95%，其次为东环线和津围线，占比分别为 9.52%和 9.55%。

6.4.6 散烧源

（1）固定商铺。

①界定。

固定店铺散煤燃烧主要是指集中供暖之外，用于取暖、生产的煤的燃烧，包括具有固定经营地点的餐馆、快餐店、小吃店、饮品店、食堂等的散煤使用。

②基本情况。

调查区域内燃烧散煤的固定店铺共有 25 家，散煤年用量 163.24 t，固定店铺散煤主要用于烧水和做饭。

固定店铺散煤燃烧排放的污染物主要是 PM_{10}、$PM_{2.5}$、NO_x、SO_2、VOCs 和 CO。

③排放清单。

空气站点 3 km 燃烧源 PM_{10}、$PM_{2.5}$、NO_x、SO_2、VOCs 及 CO 的年排放量分别为 1.44 t、1.12 t、0.15 t、1.31 t、0.60 t 和 23.51 t。

（2）流动商铺。

①界定。

流动摊铺散煤燃烧主要是指集中供暖之外，用于取暖、生产的煤的燃烧，包括流动性经营的早餐铺、烧烤摊铺等的散煤使用。

②基本情况。

区域内流动摊铺燃烧散煤的年用量 62.97 t，散煤用途主要为流动摊铺餐饮加热。

流动摊铺散煤燃烧排放的污染物主要是 PM_{10}、$PM_{2.5}$、NO_x、SO_2、VOCs 和 CO。

③排放清单。

调查区域内流动摊铺散煤燃烧源 PM_{10}、$PM_{2.5}$、NO_x、SO_2、VOCs 及 CO 的年排放量分别为 0.56 t、0.43 t、0.06 t、0.50 t、0.23 t 和 9.07 t。

（3）居民散煤。

①界定。

居民散煤燃烧主要是指集中供暖之外，居民用于生活、生产煤的使用。

②基本情况。

调查区域内存在有 12 个散煤燃烧片区，共计 2 175 户，散煤用量 3 363 t，散煤用途主要为居民冬季取暖、做饭等。居民散煤燃烧排放的污染物主要是 PM_{10}、$PM_{2.5}$、NO_x、SO_2、VOCs 和 CO。

纳入统计的居民散煤片区主要有西方寺村（170 户）、南苑庄村（236 户）、安家桥（265 户）、辛务屯（416 户）、张庄（130 户）、张牛屯（200 户）、老君堂（63 户）、田顾村（233 户）、前高村（138 户）、中高村（142 户）、后高村（132 户）以及梁吕庄（50 户）。

③排放清单。

调查区域内居民散煤燃烧源 PM_{10}、$PM_{2.5}$、NO_x、SO_2、VOCs 及 CO 的年排放量分别为 29.66 t、23.07 t、3.06 t、26.90 t、12.34 t 和 484.27 t。

（4）户用秸秆。

①界定。

户用秸秆燃烧主要是指居民用于生活、生产的秸秆的燃烧，主要是指农村居民生活秸秆的使用。

②基本情况。

调查区域内户用秸秆年用量 3.13 万 t，散煤、秸秆的用途主要为居民取暖和做饭。户用秸秆燃烧排放的污染物主要是 PM_{10}、$PM_{2.5}$、NO_x、SO_2、VOCs 及 CO。

纳入统计的农村散煤片区主要有徐庄子（520 户）、后毕庄（210 户）、前毕庄（200 户）、后杨村（284 户）、前杨村（150 户）、大寨村（240 户）、宫家屯（280 户）、丰普村（281 户）、后双树（264 户）、前双树（385 户）、后明村（149 户）。

③排放清单。

调查区域内户用秸秆燃烧源 PM_{10}、$PM_{2.5}$、NO_x、SO_2、VOCs 及 CO 的年排放量分别为 19.29 t、17.93 t、2.17 t、3.47 t、19.16 t 和 148.77 t。

6.4.7 餐饮源。

（1）餐馆油烟。

①界定。

餐馆油烟污染主要是餐馆在烹饪过程中产生的油烟污染。

②基本情况。

调查区域内存在油烟污染的餐馆共 267 家；餐馆油烟主要污染物是 VOCs、$PM_{2.5}$ 及 PM_{10}。

③排放清单。

纳入统计的餐馆油烟污染源 VOCs、$PM_{2.5}$、PM_{10} 的年排放量分别为 7.22 t、

8.25 t、10.31 t。

（2）餐馆烧烤。

①界定。

餐馆烧烤污染主要是餐馆烧烤过程中产生的污染，其主要为油烟污染。

②基本情况。

调查区域内经营烧烤的餐馆共 30 家；餐馆烧烤的主要污染物是 CO、NO_x、SO_2、VOCs、$PM_{2.5}$ 及 PM_{10}。

③排放清单。

纳入统计的餐馆油烟污染源 CO、NO_x、SO_2、VOCs、$PM_{2.5}$ 及 PM_{10} 的年排放量分别为 1.41 t、0.18 t、0.07 t、0.19 t、0.11 t 和 0.21 t。

（3）居民餐饮。

①界定。

居民餐饮污染主要是指居民家庭做饭过程中产生的污染，主要为油烟污染。

②基本情况。

纳入本次统计的居民小区共 46 个，涉及户数 35 011 户。居民餐饮排放的污染物主要是 VOCs、$PM_{2.5}$ 及 PM_{10}。

③排放清单。

纳入统计的居民餐饮污染源 VOCs、$PM_{2.5}$ 及 PM_{10} 的年排放量分别为 7.76 t、8.87 t 和 11.09 t。

6.4.8　其他

（1）有机溶剂存储使用。

①界定。

有机溶剂存储运输源排放包括含有机溶剂产品在生产和流通过程或在工厂、产品中转站和销售终端 3 个物流节点的存储环节，由于产品本身固有的特性和受周围环境的影响，含有机溶剂产品易于产生并排放的 VOCs。有机溶剂存储源主要包括储罐和加油站，其中，储罐 VOCs 排放来源于物料装卸过程的“大呼吸”排放和受环境温度变化的“小呼吸”排放；加油站 VOCs 气体的挥发主要来自 3 个环节，分别为油罐汽车卸油时产生的油气、汽车油箱加汽油时产生的油气、加油油气回收系统部分排放的油气。

其他溶剂使用源部分为除工业企业外的溶剂使用源，包括喷涂汽修店等服务业溶剂使用源。

②基本情况。

有机溶剂存储源方面，共调查获取区域内 14 家加油站情况，7 家加油站分布在空气站点 3 km 范围内，汽油、柴油销售量分别为 14 384.00 t、2 510.00 t，空气站点 3 km 范围内加油站汽油销售量高于柴油销售量。经调查，区域内 7 家加油站均配置了由卸油油气回收系统和加油油气回收系统组成的二次油气回收系统，可有效减少油气损失，并减少 VOCs 排放。

其他溶剂使用源方面，共调查获取区域内 22 家涉及喷涂作业的汽修店情况，均配置了喷漆/烤漆室。喷涂汽修店所用涂料主要为普通漆和金属漆。调查发现，区域内汽修店多数均已安装了“过滤棉+活性炭”吸附装置，但普遍存在活性炭更换频次低的问题。另外，共调查获取区域内 17 家干洗染店，干洗染店使用石油与四氯乙烯作为干洗剂，年使用量为 1.31 t，其中，干洗染剂年使用量在 200 kg 以上的干洗染店有 2 家，干洗染剂年使用量小于 100 kg 的干洗染店为 8 家。

③排放清单。

结合油品销售情况及油气回收装置情况，调查范围内加油站 VOCs 排放量为 19.21 t；结合油漆、涂料使用类型、使用量、控制措施，喷涂汽修店 VOCs 年排放量为 0.23 t；结合干洗剂石油与四氯乙烯的使用量，干洗染店 VOCs 年排放量为 1.31 t。

（2）居民溶剂。

①界定。

居民溶剂污染主要是指洗衣液、洗涤剂、洗手液等家庭有机溶剂的使用过程中排放的 VOCs。

②基本情况。

纳入本次统计的居民小区共 46 个，涉及户数 35 011 户。其中，距空气站点 1 km 内涉及的小区为 9 个，占本次统计小区数的 19.57%。

③排放清单。

纳入统计的居民小区溶剂使用 VOCs 的年排放量为 3.08 t。

6.4.9　污染源排放总量

（1）排放清单。

表 6-7 是调查区域全年污染源排放清单。由表 6-7 可知，调查区域全年污染物排放总量为：$PM_{2.5}$ 174.03 t、PM_{10} 474.61 t、SO_2 82.30 t、NO_x 406.99 t、CO 2 203.93 t、VOCs 210.60 t。表 6-8 是调查区域夏季污染源排放清单。由表 6-8 可知，调查区域夏季污染物排放总量为：$PM_{2.5}$ 21.73 t、PM_{10} 61.90 t、SO_2 4.74 t、NO_x 34.30 t、CO 229.81 t、VOCs 55.17 t。

表 6-7　调查区域全年污染源排放清单　　单位：t

污染源 \ 污染物		$PM_{2.5}$	PM_{10}	SO_2	NO_x	CO	VOCs
工艺过程源	工业企业	1.66	2.39				55.80
固定燃烧源	锅炉	34.47	39.82	45.94	266.93	919.32	20.74
扬尘源	裸地	17.15	85.27				
	工地	27.77	136.08				
	工业堆场	7.24	18.11				
	拆迁堆场	13.58	33.94				
道路源	道路扬尘	7.50	81.16				
	道路机动车	4.88	5.28	4.11	134.44	617.58	62.73
散烧源	固定店铺散煤	1.12	1.44	1.31	0.15	23.51	0.60
	流动摊铺散煤	0.43	0.56	0.50	0.06	9.07	0.23
	居民散煤	23.07	29.66	26.90	3.06	484.27	12.34
	户用秸秆	17.93	19.29	3.47	2.17	148.77	19.16
餐饮源	餐馆油烟	8.25	10.31				7.22
	餐馆烧烤	0.11	0.21	0.07	0.18	1.41	0.19
	居民餐饮	8.87	11.09				7.76
其他	加油站						19.21
	汽修店						0.23
	干洗店						1.31
	居民溶剂						3.08
总计		174.03	474.61	82.30	406.99	2 203.93	210.60

表 6-8 调查区域夏季污染源排放清单

单位：t

污染源		$PM_{2.5}$	PM_{10}	SO_2	NO_x	CO	VOCs
工艺过程源	工业企业	0.42	0.60				22.32
固定燃烧源	锅炉						
扬尘源	裸地	0.86	4.26				
	工地	5.55	27.22				
	工业堆场	2.17	5.43				
	拆迁堆场	1.36	3.39				
道路源	道路扬尘	0.75	8.12				
	道路机动车	1.22	1.32	1.03	33.61	154.40	15.68
散烧源	固定店铺散煤	0.39	0.50	0.46	0.05	8.23	0.21
	流动摊铺散煤	0.15	0.19	0.18	0.02	3.17	0.08
	居民散煤	2.31	2.97	2.69	0.31	48.43	1.23
	户用秸秆	1.79	1.93	0.35	0.22	14.88	1.92
餐饮源	餐馆油烟	2.48	3.09				2.17
	餐馆烧烤	0.06	0.11	0.03	0.09	0.70	0.10
	居民餐饮	2.22	2.77				1.94
其他	加油站						7.68
	汽修店						0.09
	干洗店						0.52
	居民溶剂						1.23
总计		21.73	61.90	4.74	34.30	229.81	55.17

（2）$PM_{2.5}$ 排放特征。

宝坻区空气站点周边 3 km 全年 $PM_{2.5}$ 的排放前 5 位的污染源是锅炉、工地、居民散煤、户用秸秆、裸地，分担率分别为 19.81%、15.96%、13.26%、10.30%、9.85%（见图 6-96）；宝坻区空气站点周边 3 km 夏季 $PM_{2.5}$ 的排放前 5 位的污染源是工地、餐馆油烟、居民散煤、居民餐饮、工业堆场，分担率分别为 25.57%、11.40%、10.62%、10.21%、10.00%（见图 6-97）。与全年相比，夏季的锅炉、户用秸秆、裸地的贡献率下降；工地、餐馆油烟、居民餐饮、工业堆场的贡献率上升；居民散煤的贡献率始终处于比较高的位置。可见，宝坻区 $PM_{2.5}$ 的来源比较复杂，主要排放源是锅炉、居民散煤和工地，同时一些常见的污染源均有涉及，且分担率相差不大。排放污染较大的区域主要位于工地、堆场、锅炉及大型餐馆附近（见

图 6-98、图 6-99）。

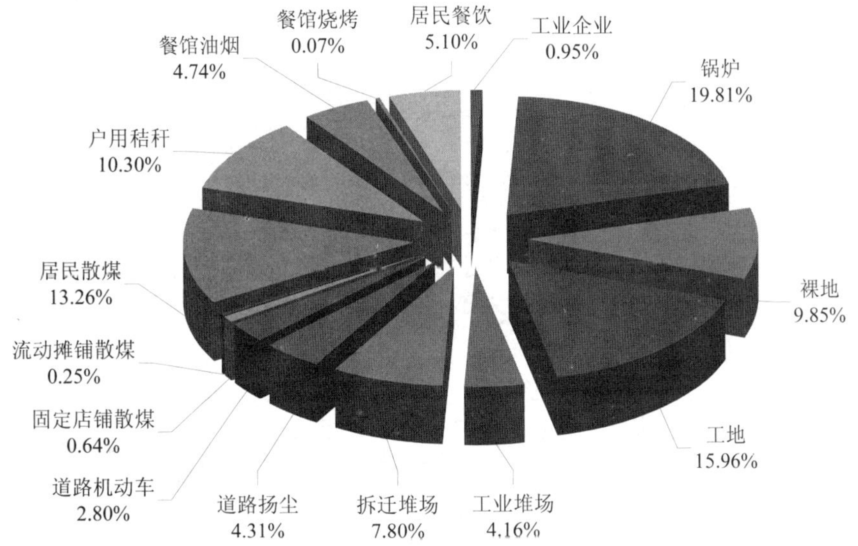

图 6-96　全年 $PM_{2.5}$ 排放源分担情况

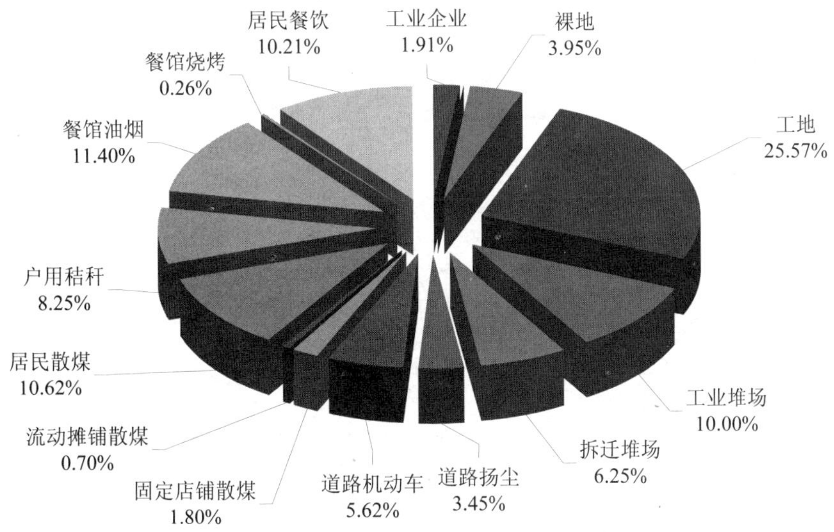

图 6-97　夏季 $PM_{2.5}$ 排放源分担情况

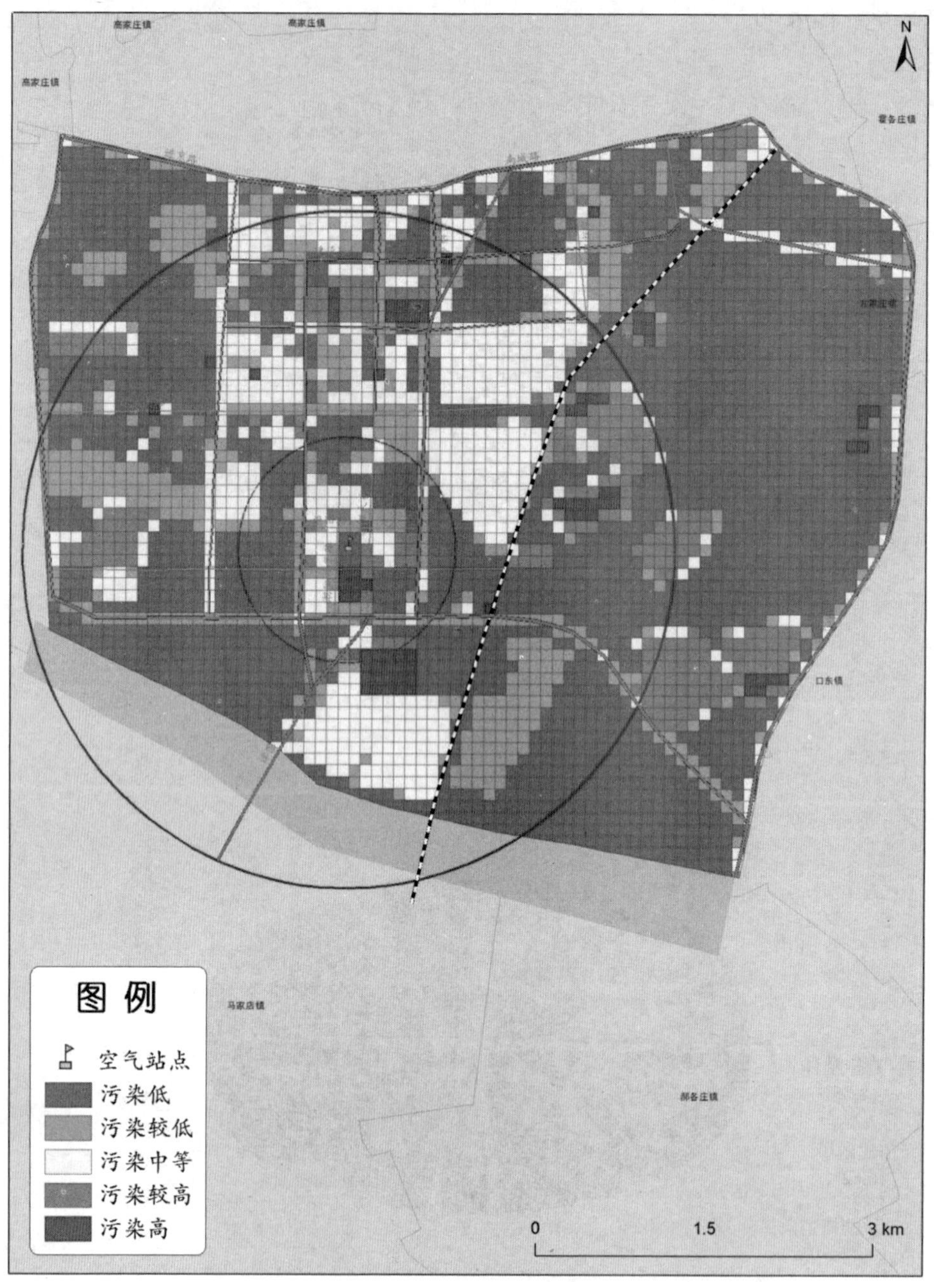

图 6-98 全年 $PM_{2.5}$ 排放总量空间网格分布

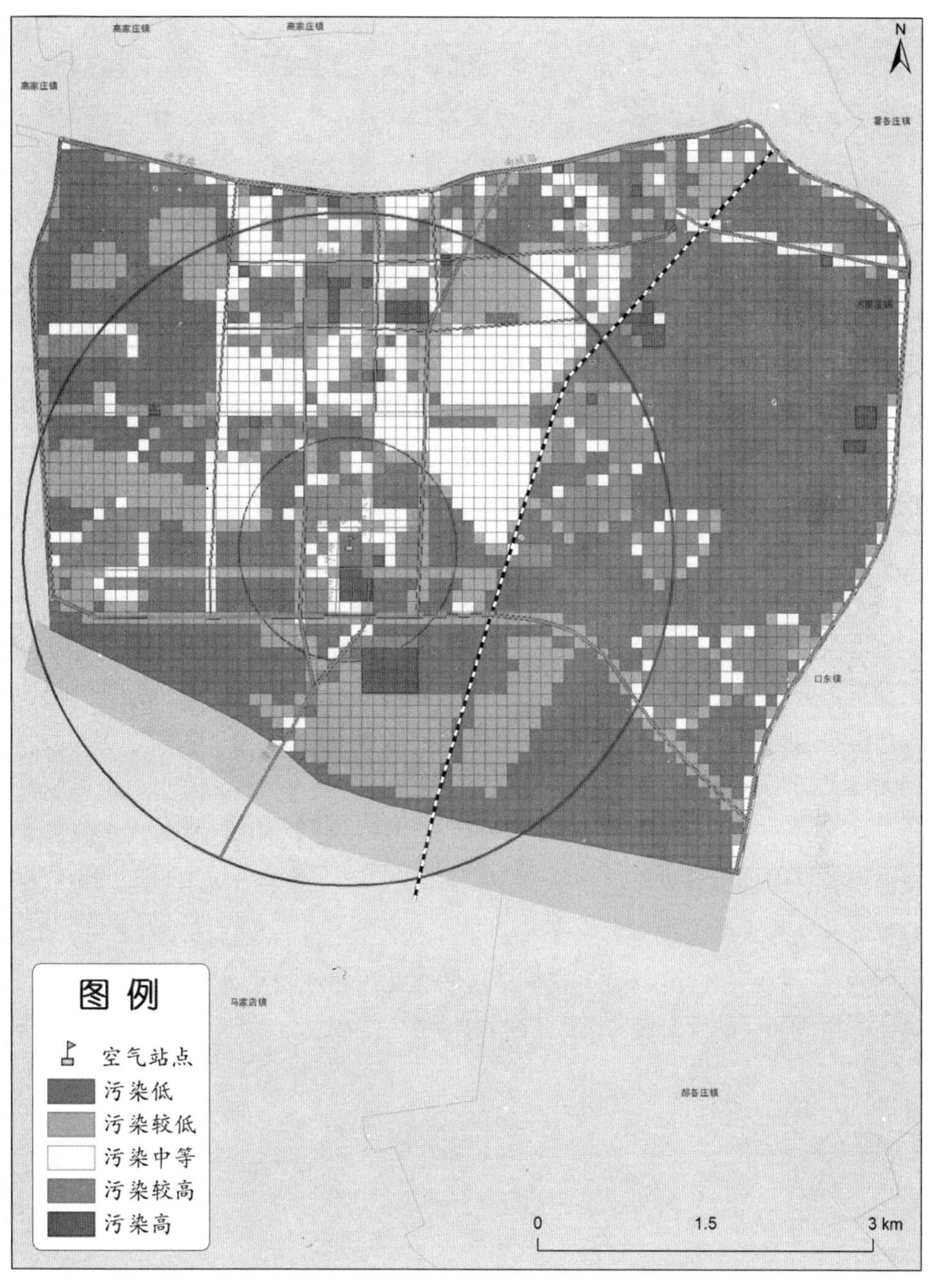

图 6-99　夏季 $PM_{2.5}$ 排放总量空间网格分布

（3）PM_{10}排放特征。

宝坻区空气站点周边 3 km 全年 PM_{10} 的排放前 5 位的污染源是工地、裸地、道路扬尘、锅炉、拆迁堆场，分担率分别为 28.67%、17.97%、17.10%、8.39%、7.15%（见图 6-100）；宝坻区空气站点周边 3 km 夏季 PM_{10} 的排放前 5 位的污染源是工地、道路扬尘、工业堆场、裸地、拆迁堆场，分担率分别为 43.96%、13.11%、8.78%、6.89%、5.48%（见图 6-101）。与全年相比，夏季的道路扬尘、工业堆场的贡献率上升；裸地、锅炉的贡献率下降；工地贡献率始终处于首位。可见，宝坻区 PM_{10} 的来源主要是工地。

排放污染较大的区域主要位于嘉兴园、观潮西园、提香轩二期、泽润家园二期、锦尚佳苑、金梧桐一期等工地，工业堆场，天津市昌利铸件厂，建设路上的点点快餐，以及恒安供热、顺驰供热站、宝平景苑供热站、城南供热站的供热锅炉（见图 6-102、图 6-103）。

（4）SO_2 排放特征。

宝坻区空气站点周边 3 km 全年 SO_2 的排放污染源主要是锅炉、居民散煤、道路机动车，分担率分别为 55.82%、32.69%、4.99%（见图 6-104）；宝坻区空气站点周边 3 km 夏季 SO_2 的排放污染源主要是居民散煤、道路机动车和固定店铺散煤，分担率分别为 56.86%、21.69%、9.66%（见图 6-105）。与全年相比，夏季的居民散煤、固定店铺散煤的贡献率上升；道路机动车的贡献率下降。可见，宝坻区 SO_2 的来源主要是锅炉、散煤和机动车。

排放污染较大的区域主要位于西方寺村、南苑庄村、前高村、中高村、后高村、回顾村、梁吕庄、老君堂、安家桥等散煤使用村庄及早餐店和酒店、公司、供热站等用煤的区域（见图 6-106、图 6-107）。

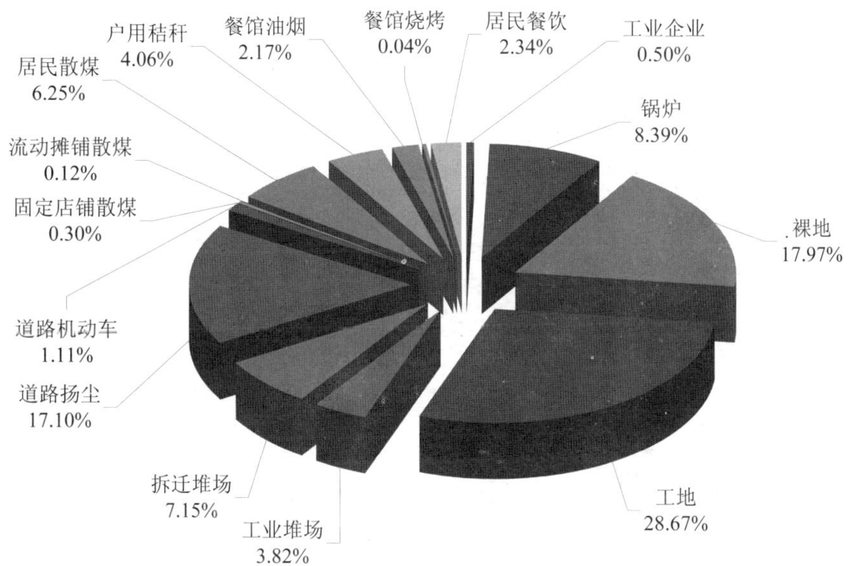

图 6-100　全年 PM_{10} 排放源分担情况

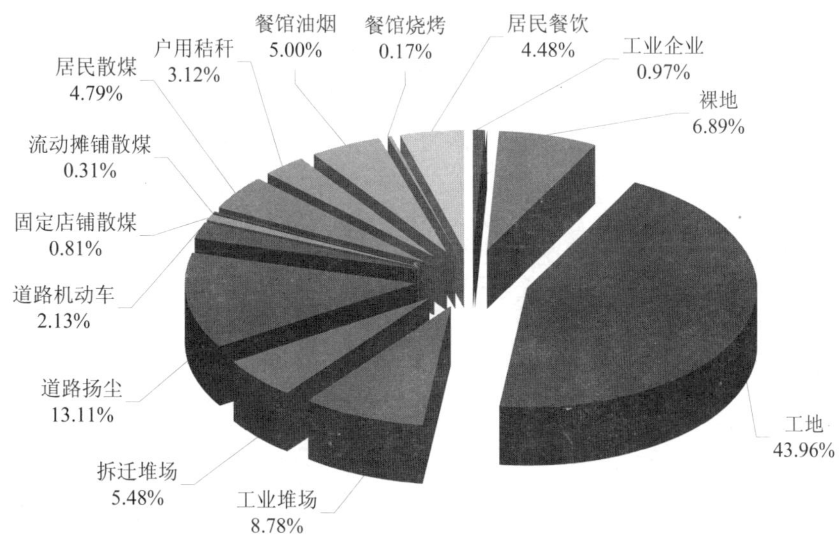

图 6-101　夏季 PM_{10} 排放源分担情况

图 6-102 全年 PM_{10} 排放总量空间网格分布

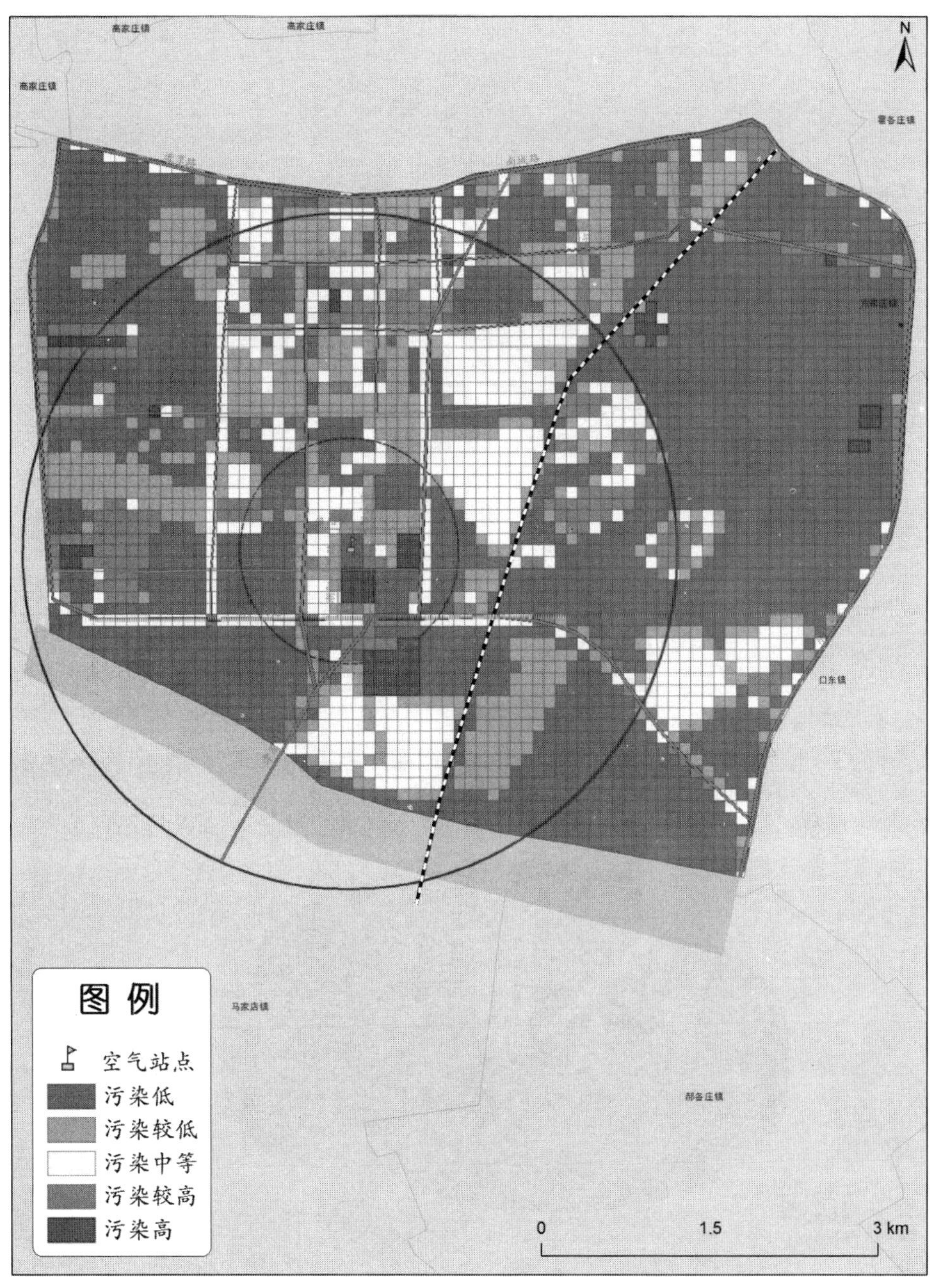

图 6-103　夏季 PM_{10} 排放总量空间网格分布

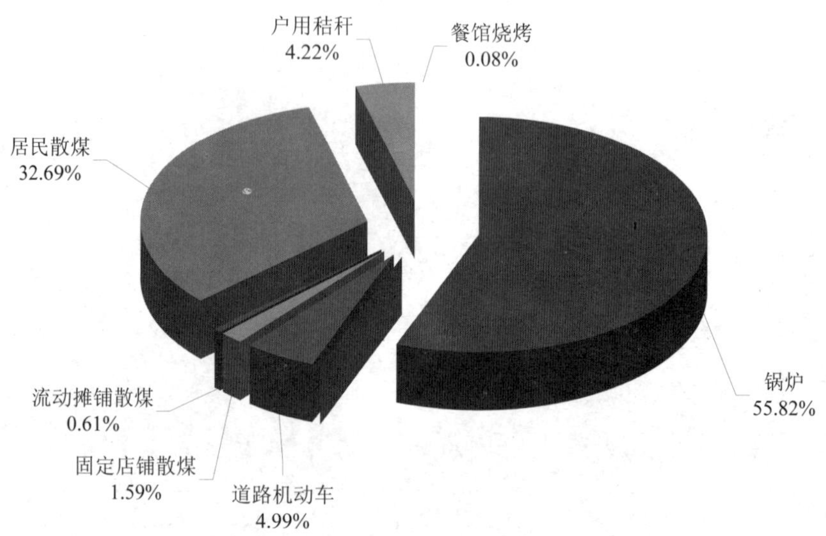

图 6-104 全年 SO_2 排放源分担情况

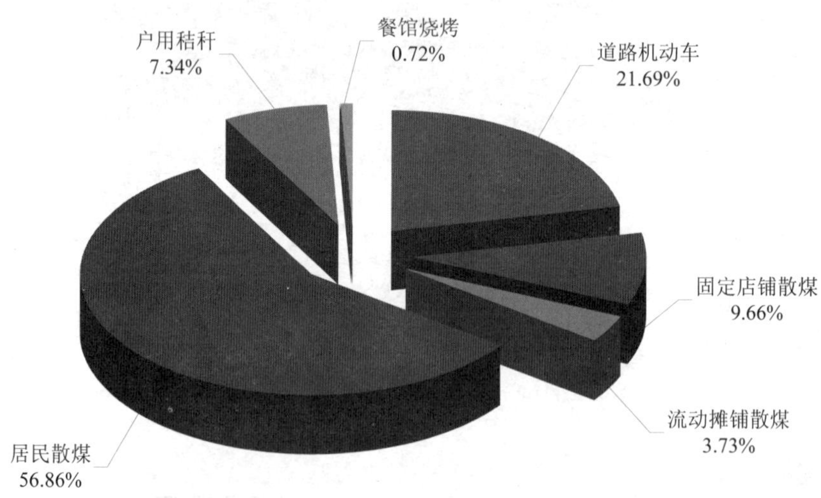

图 6-105 夏季 SO_2 排放源分担情况

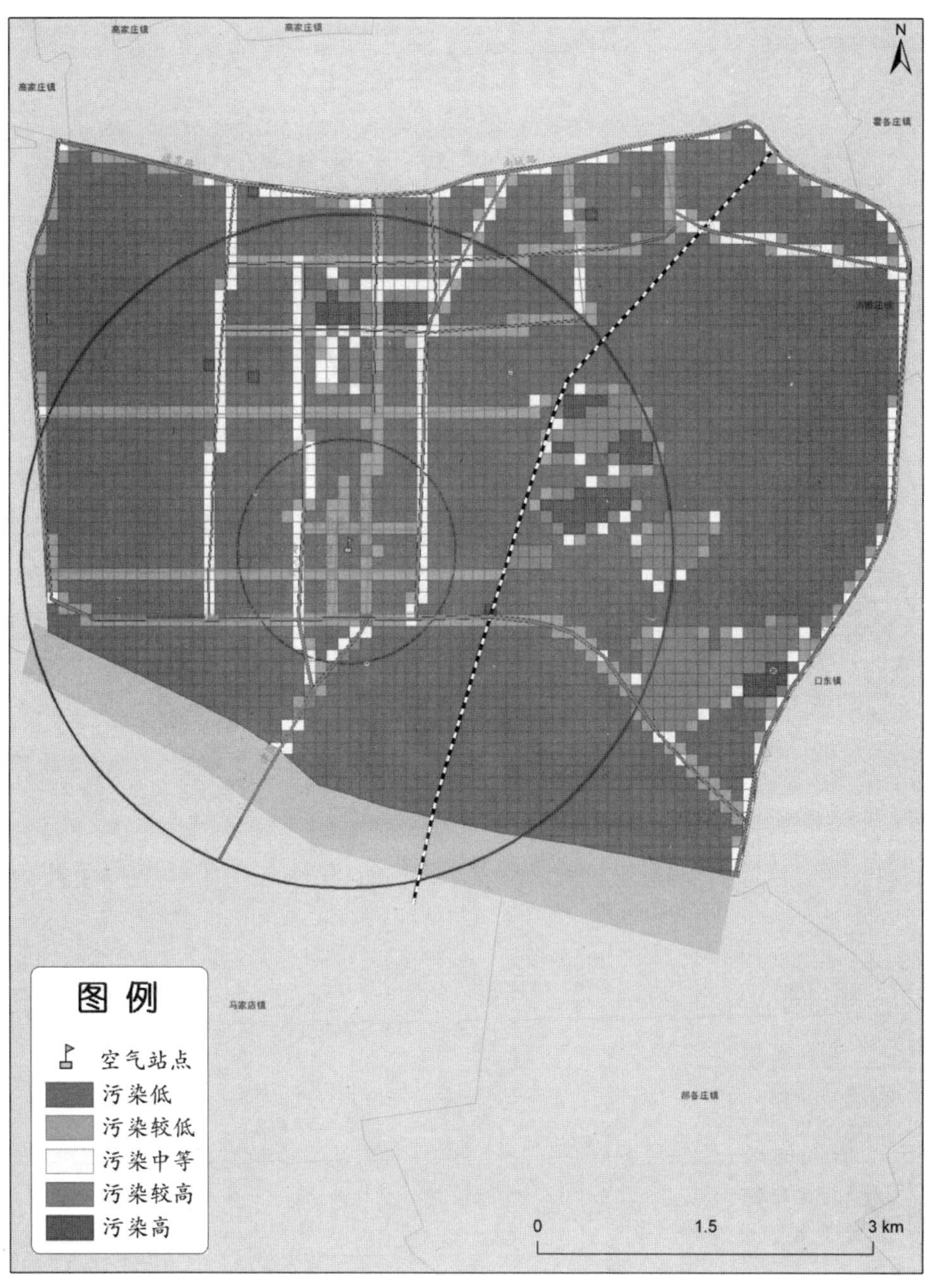

图 6-106 全年 SO_2 排放总量空间网格分布

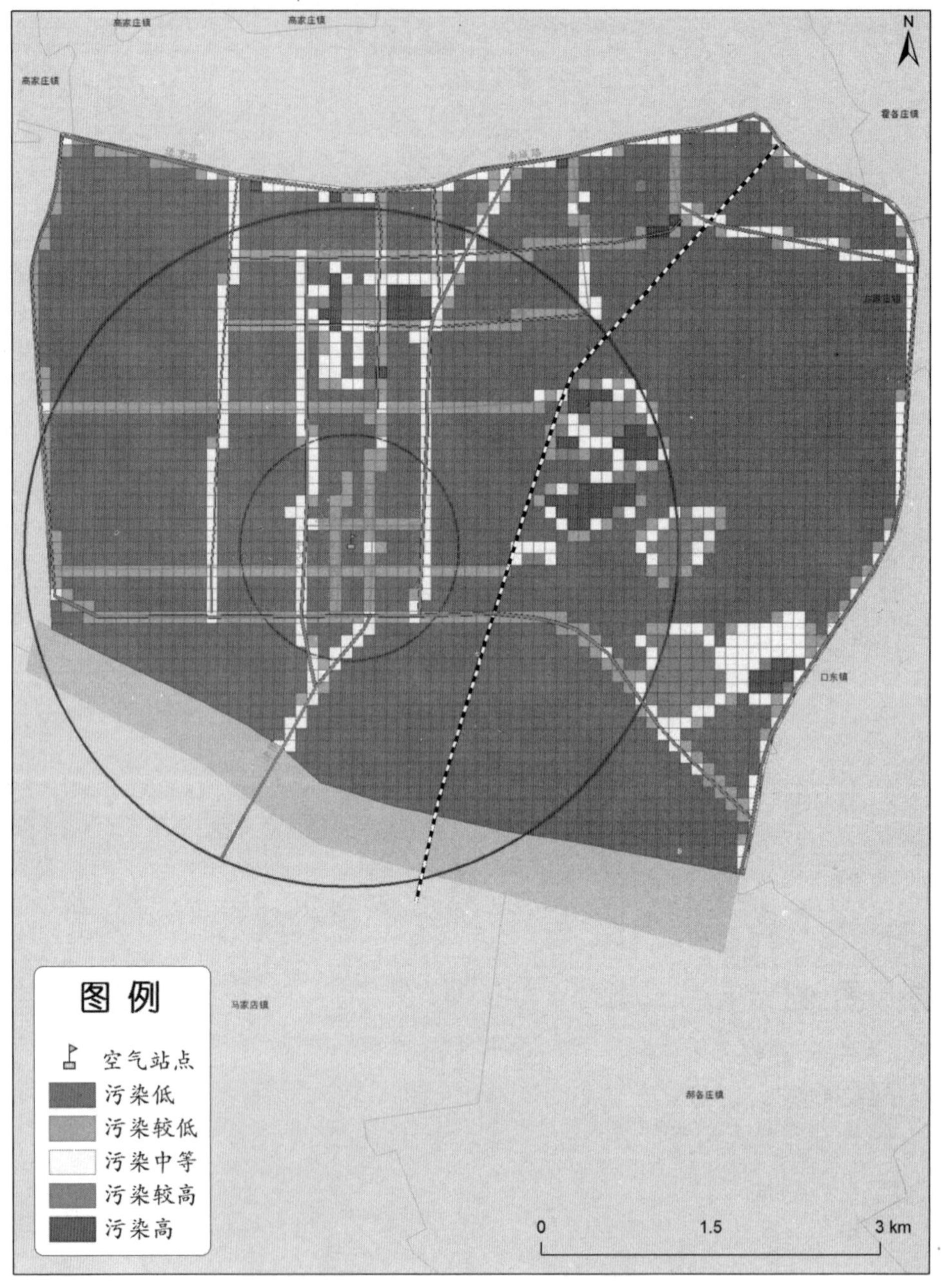

图 6-107 夏季 SO_2 排放总量空间网格分布

（5）NO_x 排放特征。

宝坻区空气站点周边 3 km 全年 NO_x 的排放污染源主要是锅炉、道路机动车，分担率分别为 65.59%、33.03%（见图 6-108）；宝坻区空气站点周边 3 km 夏季 NO_x 的排放污染源主要是道路机动车，分担率分别为 97.51%（见图 6-109）。与全年相比，夏季的道路机动车贡献率明显上升。可见，宝坻区 NO_x 的来源主要是道路机动车和锅炉。

排放污染较大的区域主要位于津围线、宝平线、S304、南关大街、开元路、钰华街等道路以及采暖期供热锅炉附近（见图 6-110、图 6-111）。

（6）CO 排放特征。

宝坻区空气站点周边 3 km 全年 CO 的排放污染源主要是锅炉、道路机动车、居民散煤，分担率分别为 41.71%、28.02%、21.97%（见图 6-112）；宝坻区空气站点周边 3 km 夏季 CO 的排放污染源主要是道路机动车、居民散煤、户用秸秆、固定店铺散煤，分担率分别为 67.15%、21.06%、6.47%、3.58%（见图 6-113）。与全年相比，夏季的固定店铺散煤贡献率上升，锅炉的贡献率下降，道路机动车、居民散煤、户用秸秆的贡献率一直处于较高的位置。可见，宝坻区 CO 的来源主要是锅炉、道路机动车、居民散煤。

排放污染较大的区域主要位于津围线、宝平线、钰华街、建设路等道路，西方寺村、南苑庄村、前高村、中高村、后高村、回顾村、梁吕庄、老君堂、安家桥等散煤使用村庄，以及酒店、洗浴中心、早餐店和采暖期的供热锅炉附近（见图 6-114、图 6-115）。

（7）VOCs 排放特征。

宝坻区空气站点周边 3 km 全年 VOCs 的排放污染源主要是道路机动车、工业企业、锅炉、加油站，分担率分别为 29.79%、26.50%、9.85%、9.12%（见图 6-116）；宝坻区空气站点周边 3 km 夏季 VOCs 的排放污染源主要是工业企业、道路机动车、加油站，分担率分别为 40.44%、28.42%、13.92%（见图 6-117）。与全年相比，夏季的工业企业、加油站的贡献率上升；道路机动车的贡献率变化不大。可见，宝坻区 VOCs 的来源主要是工业企业、道路机动车和加油站。

排放污染较大的区域主要位于涉 VOCs 排放企业，加油站，干洗店，津围线、宝平线、钰华街等主要道路，西方寺村、南苑庄村的户用秸秆、散煤和餐馆油烟以及供热锅炉（见图 6-118、图 6-119）。

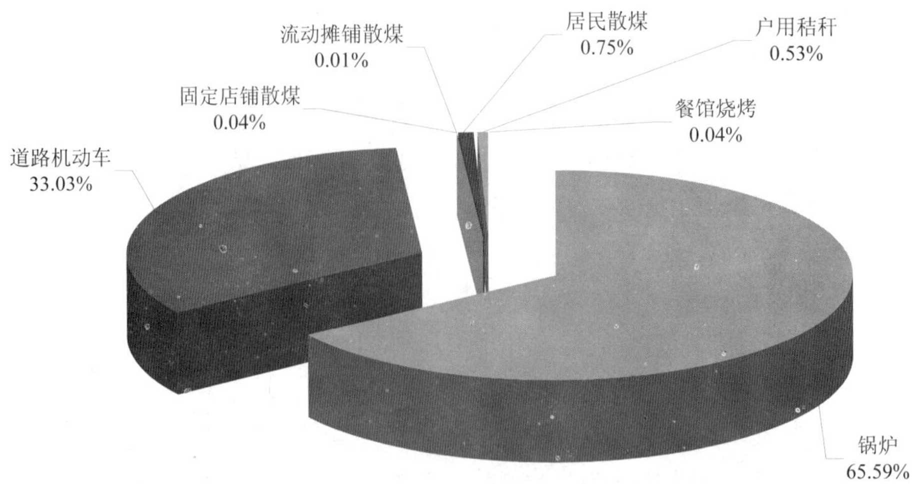

图 6-108　全年 NO_x 排放源分担情况

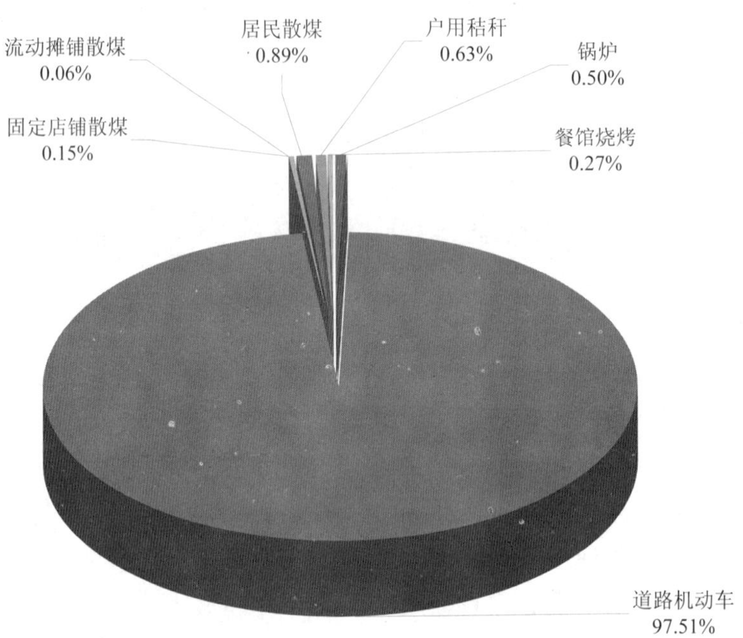

图 6-109　夏季 NO_x 排放源分担情况

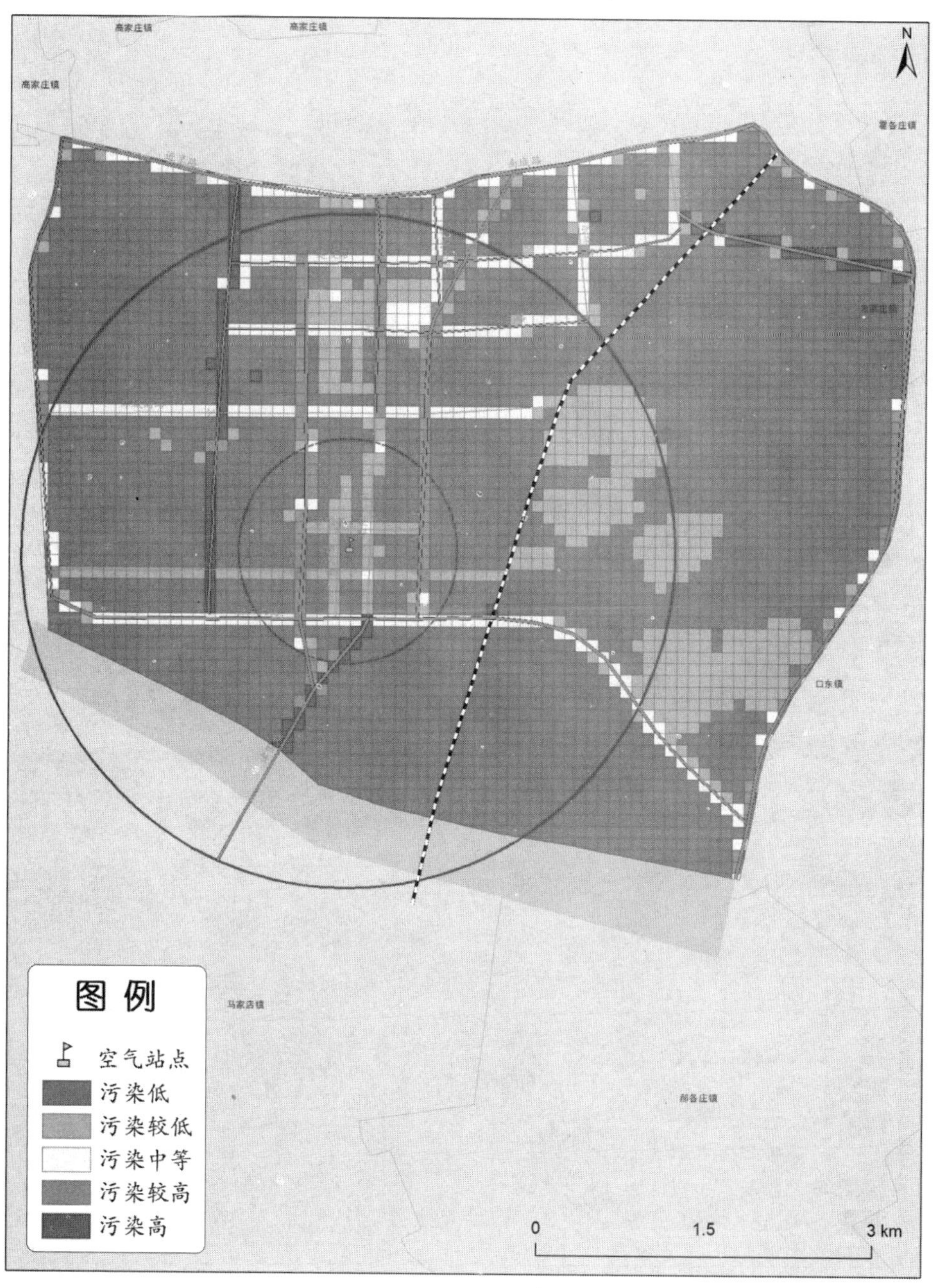

图 6-110　全年 NO_x 排放总量空间网格分布

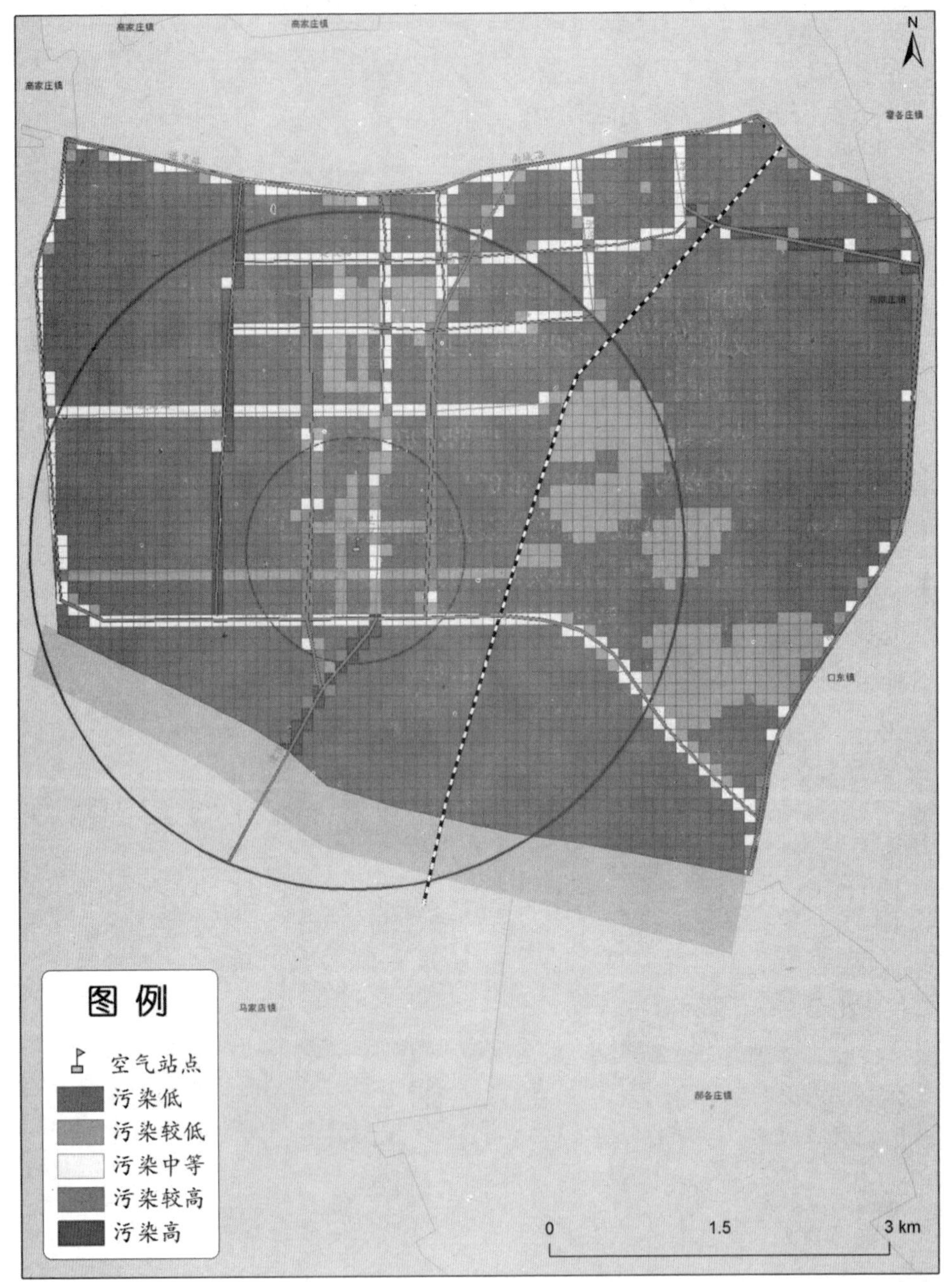

图 6-111　夏季 NO_x 排放总量空间网格分布

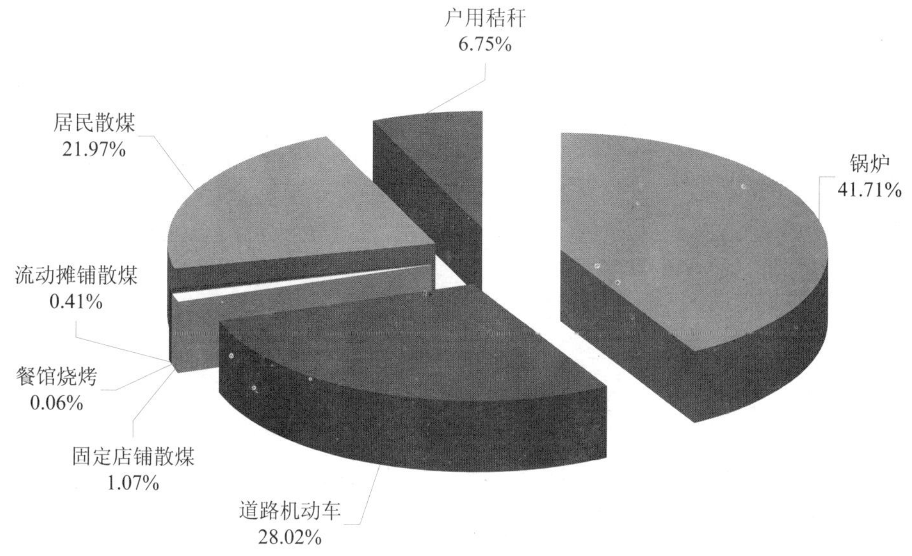

图 6-112　全年 CO 排放源分担情况

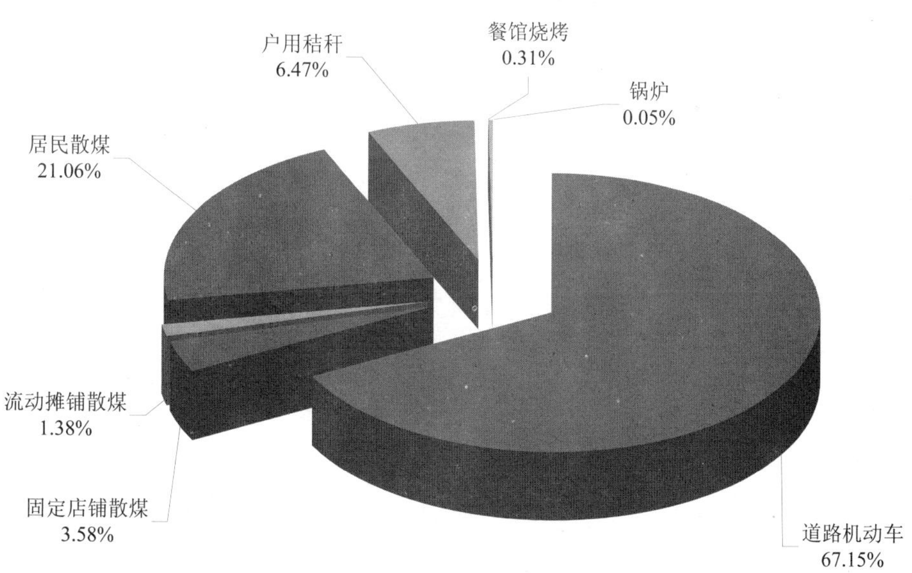

图 6-113　夏季 CO 排放源分担情况

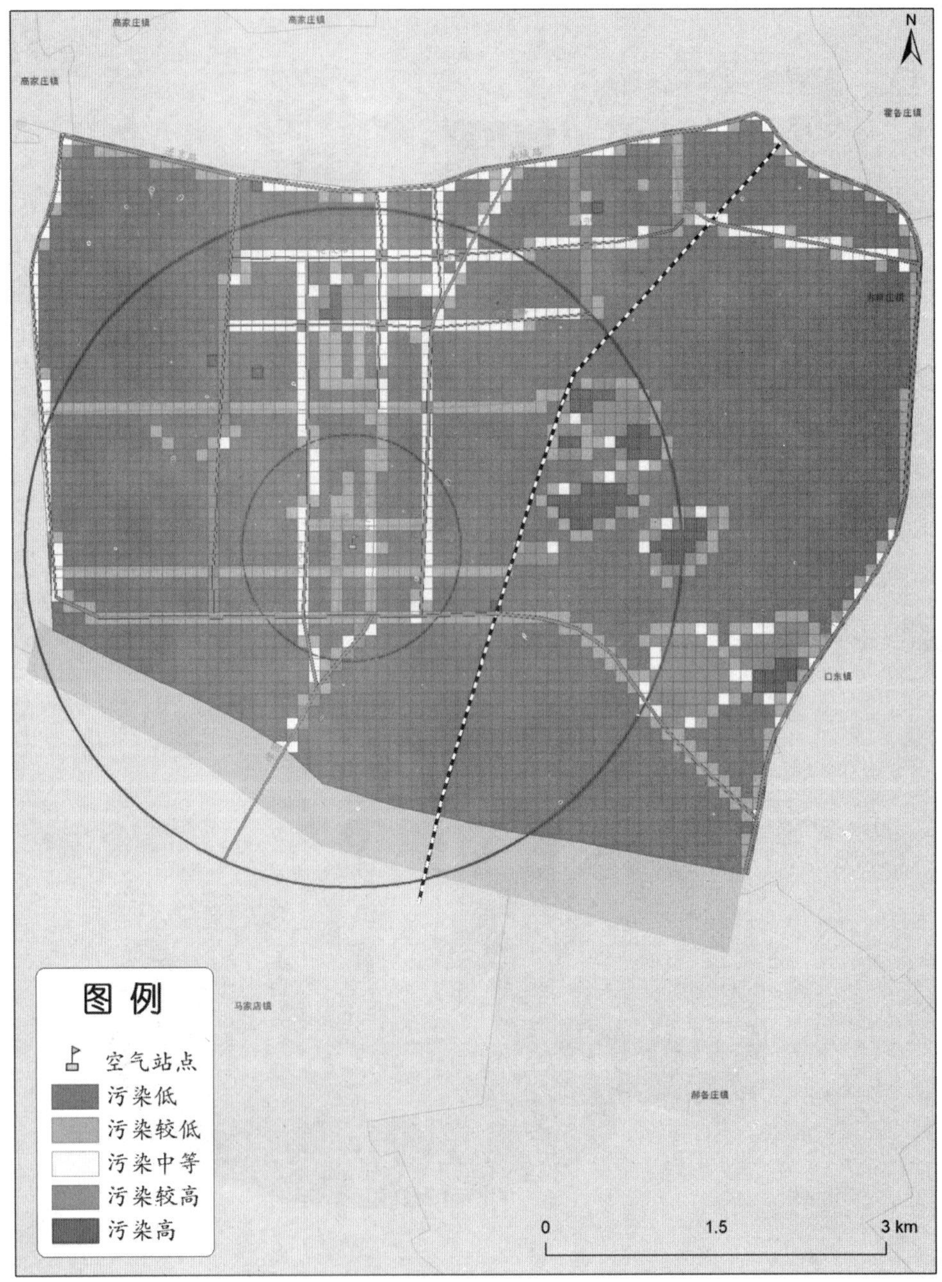

图 6-114　全年 CO 排放总量空间网格分布

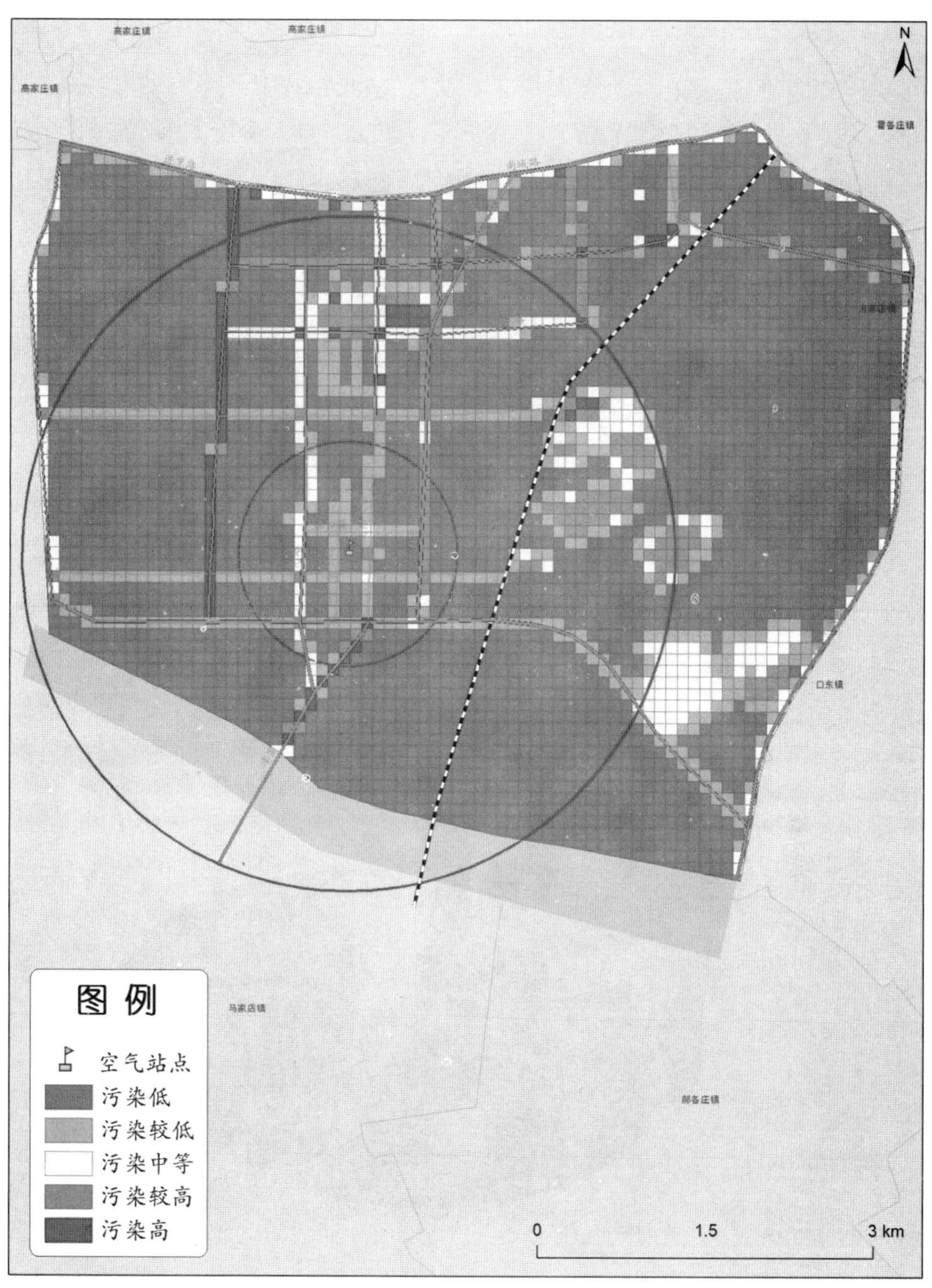

图 6-115　夏季 CO 排放总量空间网格分布

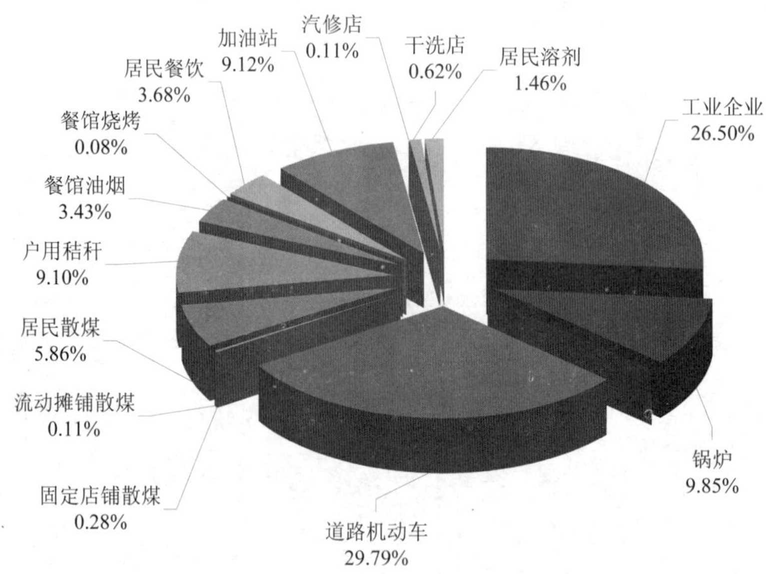

图 6-116 全年 VOCs 排放源分担情况

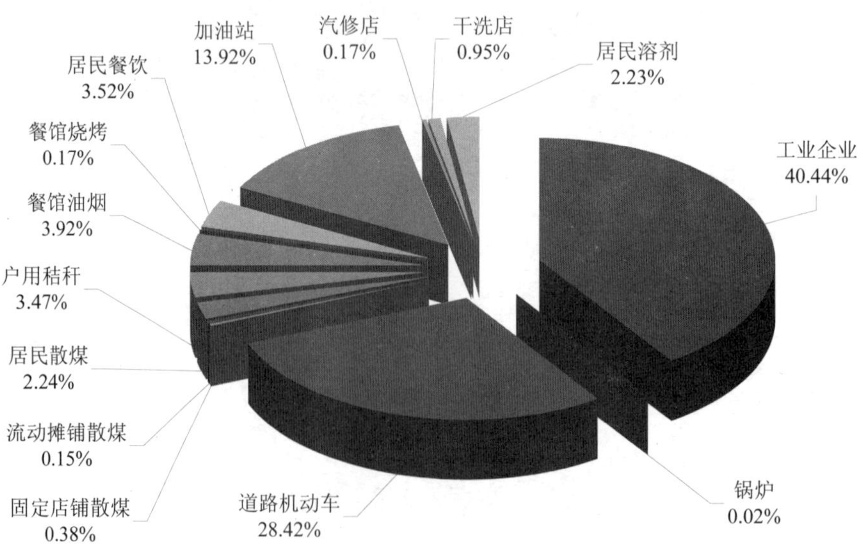

图 6-117 夏季 VOCs 排放源分担情况

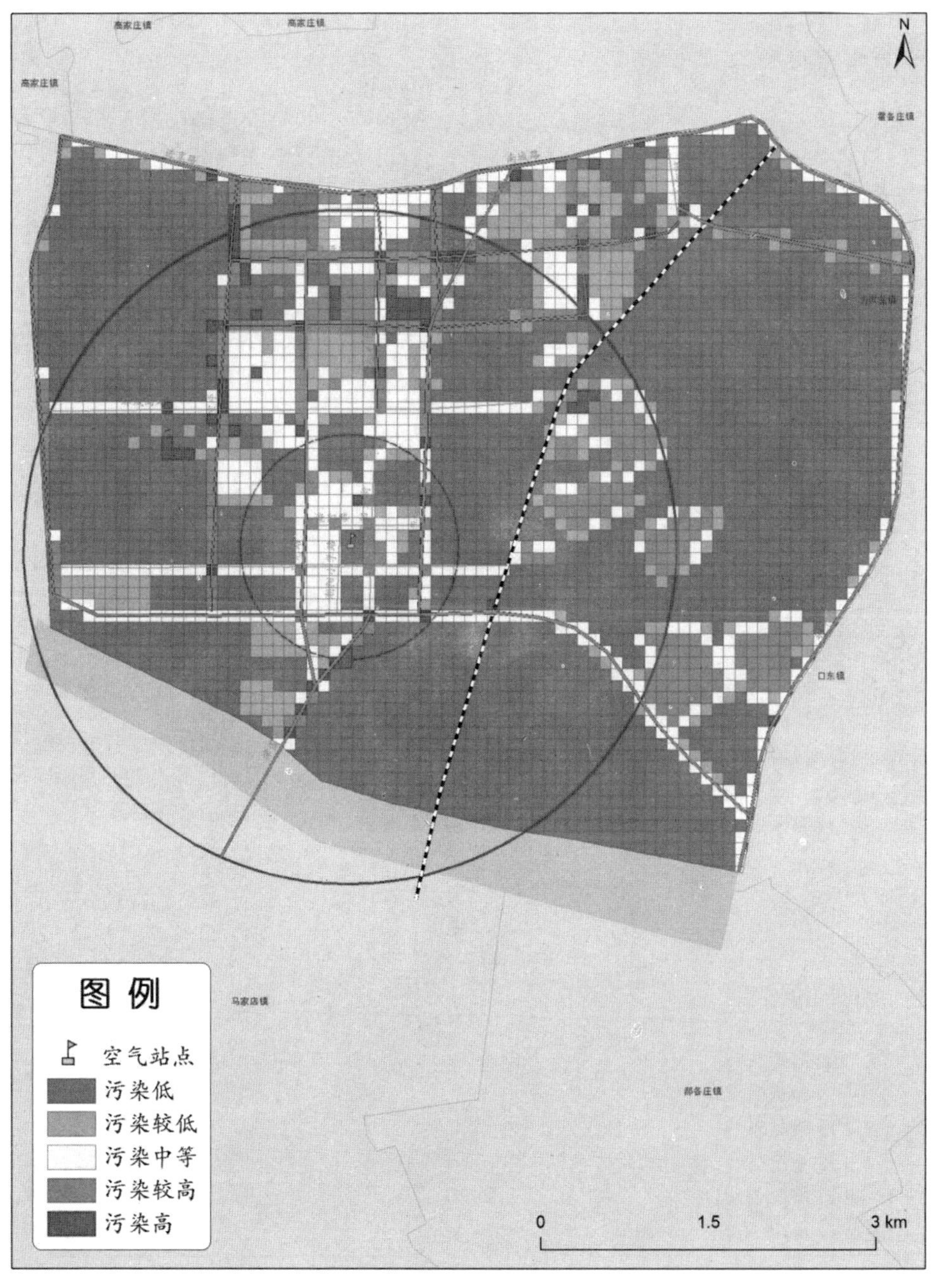

图 6-118　全年 VOCs 排放总量空间网格分布

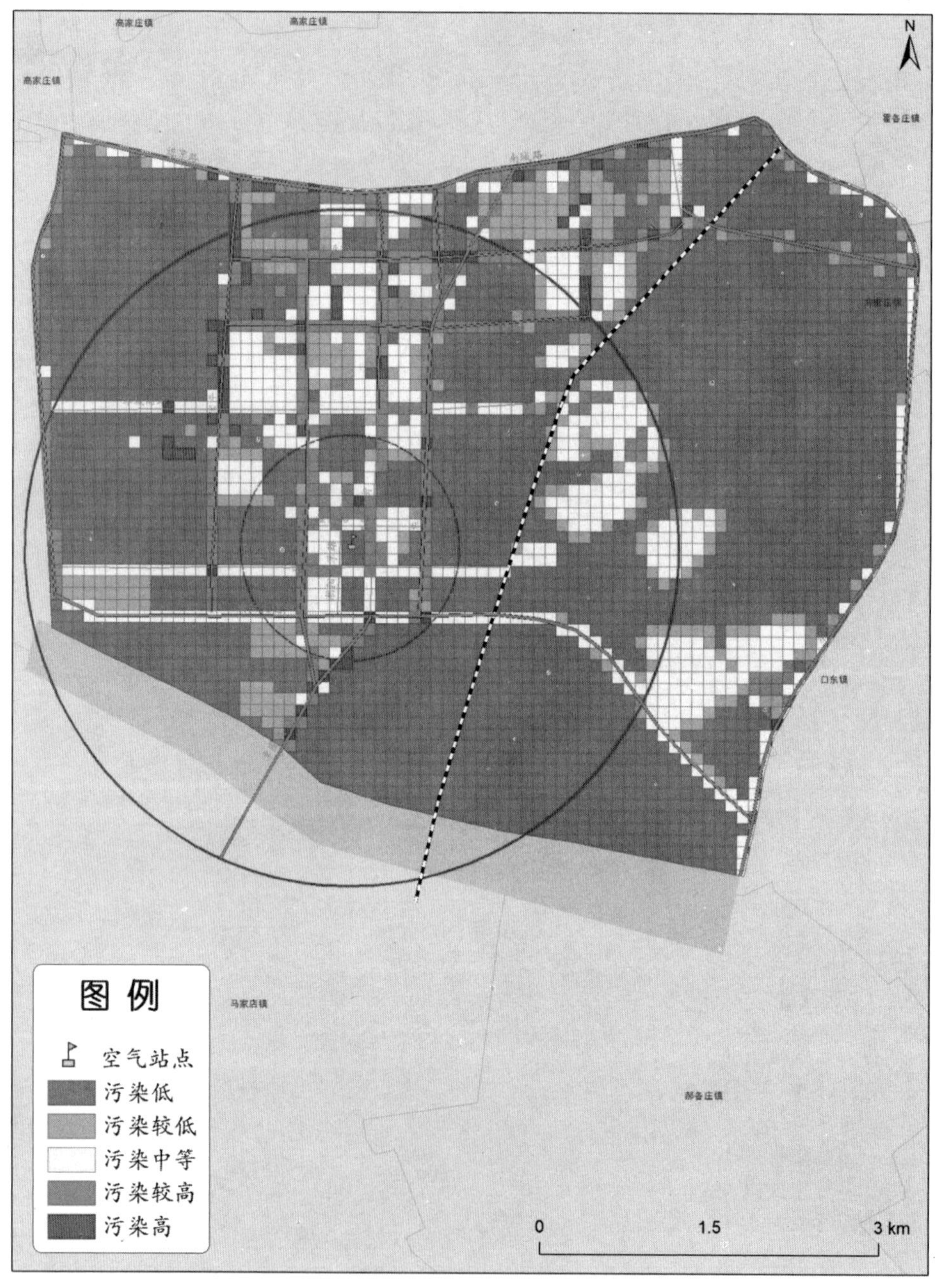

图 6-119　夏季 VOCs 排放总量空间网格分布

第7章　应用前景分析

本研究开发了“天津市精细化大气污染源排放清单编制技术体系”，该技术体系包括大气污染源识别与分类技术、大气污染源活动水平获取技术、大气污染源排放因子选取技术、大气污染源排放量核算技术、排放清单质保质控技术、排放清单管理应用技术等6种技术。该技术体系可以指导环境管理部门，尤其是各区环境管理部门，构建本地区精细化的大气污染源排放清单，摸清大气污染源、大气污染物排放、大气污染物空间分布的底数，制定精准、“接地气”的大气污染防治措施，节省大气污染防治成本，产生良好的社会效益和经济效益。

参考文献

陈颖，叶代启，刘秀珍，等，2012. 我国工业源 VOCs 排放的源头追踪和行业特征研究[J].中国环境科学，32（1）：48-55.

方精云，刘国华，徐嵩龄，1996. 中国陆地生态系统的碳库[M]//王庚辰，温玉璞. 温室气体浓度和排放监测及相关过程. 北京：中国环境科学出版社：109-128.

冯宗炜，王效科，吴刚，1999. 中国森林生态系统的生物量和生产力[M]. 北京：科学出版社.

何敏，王幸锐，韩丽，2013. 四川省大气固定污染源排放清单及特征[J].环境科学学报，33（11）：3127-3137.

环境保护部，2014. 大气可吸入颗粒物一次源排放清单编制技术指南（试行）[EB/OL].[2015-01-13].http：//www.mep.gov.cn/xxgk/hjyw/201501/t20150113_294091.htm.

环境保护部，2014. 非道路移动源大气污染物排放清单编制技术指南（试行）：GB/T 7714[S]. 北京：中国环境出版社.

黄成，陈长虹，李莉，等，2011. 长江三角洲地区人为源大气污染物排放特征研究[J]. 环境科学学报，31（9）：1858-1871.

金陶胜，陈东，付雪梅，等，2014. 基于油耗调查的 2010 年天津市农业机械排放研究[J].中国环境科学，34（8）：2148-2152.

李兴华，2007. 生物质燃烧大气污染物排放特征研究[D]. 北京：清华大学.

曲亮，何立强，胡京南，等，2015. 工程机械不同工况下 $PM_{2.5}$ 排放及其碳质组分特征[J]. 环境科学研究，28（7）：1047-1052.

任国玉，郭军，徐铭志，等，2005. 近 50 年中国地面气候变化基本特征[J]. 气象学报，63（6）：942-956.

沈旻嘉，郝吉明，王丽涛，2006. 中国加油站 VOC 排放污染现状及控制[J]. 环境科学，27（8）：1473-1478.

田刚，黄玉虎，李钢，2009. 四维通量法施工扬尘排放模型的建立与应用[J]. 环境科学，30（4）：1003-1007.

田贺忠，郝吉明，陆永琪，等，2001. 中国氮氧化物排放清单及分布特征[J]. 中国环境科学，21（6）：493-497.

王锦，吉奕康，2015. 北京市主要大气污染源清单及火电厂排放污染物对雾霾天气的影响[J]. 北京交通大学学报，39（1）：78-82.

王丽涛，张强，郝吉明，等，2005. 中国大陆 CO 人为源排放清单[J]. 环境科学学报，25（12）：1580-1585.

王书肖，赵秀娟，李兴华，等，2009. 工业燃煤链条炉细粒子排放特征研究[J]. 环境科学，30（4）：963-968.

隗潇，2013. 京津冀非道路移动源排放清单的建立[C]. 第十七届二氧化硫、氮氧化物、汞污染防治技术暨细颗粒物（$PM_{2.5}$）控制与监测技术研讨会论文集.

谢绍东，齐丽，2004. 料堆风蚀扬尘排放量的一个估算方法[J]. 中国环境科学，24（1）：49-52.

宣捷，2000. 中国北方地面起尘总量分布[J]. 环境科学学报，20（4）：426-430.

杨柳林，曾武涛，张永波，等，2015. 珠江三角洲大气排放源清单与时空分配模型建立[J]. 中国环境科学，35（12）：3521-3534.

赵普生，冯银厂，张裕芬，等，2009. 建筑施工扬尘排放因子定量模型研究及应用[J]. 中国环境科学，29（6）：567-573.

郑君瑜，王水胜，黄志炯，等，2013. 区域高分辨率大气排放源清单建立的技术方法与应用[M]. 北京：科学出版社.

朱松丽，2004. 发展中国家农村民用炉灶的温室气体和污染物排放因子研究[J]. 可再生能源，2：16-19.

Andreae M O，Merlet P，2001. Emission of trace gases and aerosols from biomass burning[J]. Global Biogeochemical Cycles，15（4）：955-966.

Asner G P，Scurlock J O，Hicke J A，2003. Global synthesis of leaf area index observations：implications for ecological and remote sensing studies[J]. Global Ecology and Biogeography，12（3）：191-205.

Bhattacharya S C，Abdul Salam P，Sharma M，2000. Emissions from biomass energy use in some selected Asian countries [J]. Energy，25（2）：169-188.

Bouwman A，Lee D，Asman A，et al.，1997. A global high-resolution emission inventory for ammonia[J]. Global Biogeochemical Cycles，11（4）：561-587.

Carmichael G R，Streets D G，Calori G，et al.，2013. Changing trends in sulfur emissions in Asia：implications for acid deposition，air pollution，and climate[J]. Environmental Science & Technology，36（22）：4707-4713.

Fu M L，Ge Y S，Tan J W，et al.，2012. Characteristics of typical non-road machinery emissions in China by using portable emission measurement system[J].Science of the Total Environment，437：255-261.

Guenther A，Geron C，Pierce T，et al.，2000. Natural emissions of non-methane volatile organic compounds，carbon monoxide，and oxides of nitrogen from North American [J]. Atmospheric Environment，34（12-14）：2205-2230.

Guenther A，Hewitt C N，Erickson D，et al.，1995. A global model of natural volatile organic compound emissions[J]. Journal of Geophysical Research，100：8873-8892.

Guenther A，Zimmerman P R，Harley P，et al.，1993. Isoprene and monoterpene emission rate variability：model evaluations and sensitivity analyses[J]. Journal of Geophysical Research，98：12609-12617.

https: //www.weatheronline.co.uk/weather/maps/forecastmaps? LANG=en&CONT=asie®ION=0026&LAND=CI&UP=1&R=0&CEL=C.

Li X H，Wang S X，Duan L，et al，2007. Particulate and trace gas emissions from open burning of wheat straw and corn stover in China[J]. Environmental Science & Technology，41（17）：6052-6058.

Misselbrook T H，Van Der Weerdeen T J，Pain B F，et al.，2000. Ammonia emission factors for UK agriculture [J]. Atmospheric Environment，34（6）：871-880.

Ohara T，Akimoto H，Kurokawa J，et al.，2007. An Asian emission inventory of anthropogenic emission sources for the period 1980—2020[J]. Atmospheric Chemistry & Physics，7（16）：6843-6902.

USEPA，2000. Analysis of commercial marine vessels emissions and fuel consumption data[R]. USEPA：36-88.

USEPA，2007. Draft regulatory impact analysis：control of emissions of air pollution from locomotives engines and marine compression ignition engines less than 30 litres per cylinder[R].USEPA：41-125.

Wang S X，Wei W，Du L，et al.，2009. Characteristics of gaseous pollutants from biofuel-stoves in rural China[J]. Atmospheric Environment，43（27）：4148-4154.

Yang D Q，Kwan S H，Lu Y，et al.，2007. An emission inventory of marine vessels in Shanghai in 2003[J]. Environmental Science & Technology，41（15）：5183-5190.

Zhang Q，Streets D G，Carmichael G R，et al.，2009. Asian emissions in 2006 for the NASA INTEX-B mission[J]. Atmospheric Chemistry and Physics，9（14）：5131-5153.